Convergenze

a cura di
F. Arzarello, L. Giacardi, B. Lazzari

Giulio Cesare Barozzi

Aritmetica:
un approccio computazionale

Springer

GIULIO CESARE BAROZZI
Università degli Studi di Bologna

ISBN 978-88-470-0581-5

Springer fa parte di Springer Science+Business Media
springer.com
© Springer-Verlag Italia 2007
Stampato in Italia

Riprodotto da copia camera-ready fornita dall'autore
Progetto grafico della copertina: Valentina Greco, Milano
Stampa: Arti Grafiche Nidasio, Milano

Prefazione

Questo testo trae spunto dalle note di un corso di aggiornamento rivolto ad un gruppo di docenti delle scuole superiori. Con l'occasione esso è stato riveduto, corretto e ampliato, e sono state introdotte indicazioni per l'uso dei più diffusi sistemi di calcolo algebrico: Derive, Maple e Mathematica.

Il volumetto che ne è risultato vuole essere un invito allo studio della teoria dei numeri, in vista del quale, al termine, vengono date opportune indicazioni bibliografiche.

Desidero ringraziare Sebastiano Cappuccio, Ercole Castagnola, Michele Impedovo ed Enrico Pontorno che hanno letto una prima stesura del testo, segnalando errori e suggerendo miglioramenti.

All'Unione Matematica Italiana va il mio ringraziamento per aver voluto inserire questo volumetto nella collana Convergenze; sono debitore ai due anonimi recensori di alcuni suggerimenti e segnalazioni che ho cercato di accogliere nei limiti che mi ero imposto.

Bologna, settembre 2006

Giulio Cesare Barozzi
gcbarozzi@mac.com

Indice

1

Numeri interi

L'ambiente in cui ci muoveremo nei primi tre capitoli di questo testo è l'insieme $\mathbb{Z}$ dei numeri interi. Ricordiamo che $\mathbb{Z}$ è costituito dall'insieme $\mathbb{N}$ dei numeri naturali (zero incluso) e dai loro opposti. In molti testi $\mathbb{Z}$ viene costruito come ampliamento di $\mathbb{N}$ e quest'ultimo può essere individuato mediante i cosiddetti *assiomi di Peano*, dal nome del matematico Giuseppe Peano (1858-1932) che li propose nel 1889 nel volume *Arithmetices principia*.

Ecco una possibile formulazione di tali assiomi: $\mathbb{N}$ è un insieme contenente un elemento indicato con il simbolo 0 (zero), ed esiste un'applicazione iniettiva σ da $\mathbb{N}$ a $\mathbb{N}^* := \mathbb{N} \setminus \{0\}$, tale che se A è un sottoinsieme di $\mathbb{N}$ per cui sono verificate le proprietà

i) $0 \in A$

ii) $x \in A$ implica $\sigma(x) \in A$

allora necessariamente $A = \mathbb{N}$.

L'elemento $\sigma(x)$ si chiama *successivo* di x. L'iniettività di σ significa che numeri naturali distinti ammettono sucessivi distinti; l'unico sottoinsieme di $\mathbb{N}$ che goda delle proprietà di contenere 0 e di contenere il successivo di ogni suo elemento è $\mathbb{N}$ stesso.

Si osservi che dall'iniettività di σ segue la suriettività: infatti l'insieme $A := \{0\} \cup \sigma(\mathbb{N})$ gode delle proprietà i) e ii). Se ne conclude che ogni numero naturale diverso da 0 è il successivo di un ben definito numero naturale.

A partire dalla nozione di successivo si può definire l'addizione in $\mathbb{N}$: se $n = 0$, si pone

$$n + m := m;$$

in caso contrario, cioè se $n \in \mathbb{N}^*$, dunque $n = \sigma(n')$ per un opportuno $n' \in \mathbb{N}$, si pone

$$n + m = \sigma(n') + m := \sigma(n' + m).$$

Si verificano senza difficoltà le proprietà commutativa e associativa dell'addizione.

La moltiplicazione tra numeri naturali può essere definita a partire dall'addizione. Se $n = 0$ si pone

$$nm := 0;$$

altrimenti si pone

$$nm = \sigma(n')\, m := n'm + m.$$

Le definizioni poste sono di tipo ricorsivo. Ad esempio, poiché $1 = \sigma(0)$, si ha $1 \cdot m = 0 \cdot m + m = m$; poiché $2 = \sigma(1)$, si ha $2 \cdot m = 1 \cdot m + m = m + m$, e così via.

Si verificano le proprietà commutativa e associativa della moltiplicazione nonché la proprietà distributiva della moltiplicazione rispetto all'addizione.

Le operazioni di addizione e moltiplicazione sono "leggi di composizione interna" ad $\mathbb{N}$; gli elementi neutri sono rispettivamente 0 e 1. Infine si ha (sempre in $\mathbb{N}$)

$$n + m = 0 \quad \Longleftrightarrow \quad n = m = 0.$$

La definizione della moltiplicazione tra numeri naturali, ricondotta all'addizione, si traduce direttamente in un qualunque linguaggio di programmazione che ammetta la ricorsione.

Ecco una versione scritta nel linguaggio TI-BASIC (il linguaggio delle calcolatrici grafico-simboliche della Texas Instruments):

```
:mult(n,m)
:Func
:When(n = 0, 0, mult(n-1, m) + m)
:EndFunc
```

Possiamo anche fornire una versione iterativa dell'algoritmo di moltiplicazione: il prodotto nm viene calcolato come somma di n "repliche" dell'addendo m.

ALGORITMO 1.1 - Moltiplicazione tra numeri naturali (1° versione).

Dati i numeri $n, m \in \mathbb{N}$, si calcola $p := nm$.

   0. $n \to N, \; m \to M$

   1. $0 \to P$

   2.   finché $N > 0$, ripetere:

   2.1 $P + M \to P$

   2.2 $N - 1 \to N$

   3.   stampare P

   4.   fine.

Nella precedente descrizione abbiamo fatto uso di tre variabili, N, M e P, ciascuna in grado di assumere valori naturali; nella traduzione in un programma per un calcolatore possiamo supporre che tali variabili siano associate ad altrettanti *registri* (o *celle*) della memoria: ad ogni variabile può essere assegnato un solo valore alla volta, il contenuto attuale del corrispondente registro. Prescinderemo, per ora, da limitazioni inerenti la capacità dei registri.

L'operazione di *assegnazione* di un valore ad una variabile è indicata col simbolo $\rightarrow$; tale simbolo ha dunque lo stesso significato del simbolo := del linguaggio Pascal.

Nell'istruzione 0 alle variabili N e M si assegnano i valori n e m rispettivamente; si tratta della cosiddetta *inizializzazione* delle variabili in questione (in un programma che traduca l'algoritmo, si tratta dall'acquisizione dei dati in ingresso dall'esterno del programma stesso).

Nelle istruzioni 2.1 e 2.2 le variabili N e P compaiono tanto a sinistra quanto a destra del simbolo di assegnazione. L'interpretazione è questa: si valuta innanzitutto l'espressione che sta scritta a sinistra del simbolo di assegnazione, ed il valore ottenuto viene assegnato alla variabile che sta scritta a destra, cancellando automaticamente il valore precedentemente attribuito ad essa.

Dunque, ogni volta che viene eseguita l'istruzione 2.1 il contenuto di P viene aumentato della quantità m, assegnata alla variabile M, mentre l'istruzione 2.2 provvede a diminuire di un'unità il valore assegnato ad N.

Si osservi che, dopo ogni esecuzione delle due istruzioni contenute al passo 2, la quantità $NM + P$ si mantiene *invariante*: essa ha il valore nm, lo stesso posseduto dopo che le tre variabili in gioco sono state inizializzate. La variabile N svolge il ruolo di *contatore*: essa conta quante volte viene eseguito il blocco di istruzioni contenute al passo 2.

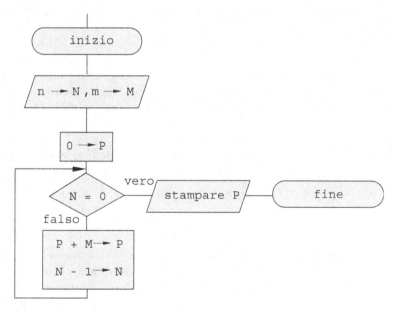

Figura 1.1 Diagramma di flusso dell'algoritmo 1.1.

L'istruzione 3 significa che, al termine dell'algoritmo, il valore finale del registro P viene reso disponibile all'esterno; naturalmente, la frase "stampare P" non va presa alla lettera: se si dispone soltanto di una calcolatrice munita di un visore, si farà in modo che il valore finale di P compaia su di esso per essere letto ed eventualmente trascritto.

L'algoritmo 1.1 può essere descritto, in forma equivalente, mediante il diagramma di flusso (in inglese: *flow-chart*) mostrato nella figura 1.1. Le operazioni di ingresso e uscita sono descritte entro parallelogrammi, le operazioni vere e proprie entro rettangoli, i confronti entro rombi: l'algoritmo procede in modi diversi secondo l'esito del confronto eseguito.

La traduzione dell'algoritmo 1.1 nel linguaggio TI-BASIC (o altri linguaggi simili) è immediata:

```
:multit(n,m)
:Func
:Local p
:0 → p
:While n > 0
:p+m → p :n-1 → n
:EndWhile
:Return p
:EndFunc
```

La terza istruzione significa che la variabile p è *locale*, cioè viene utilizzata soltanto all'interno della funzione che abbiamo chiamato multit. La penultima istruzione significa che il valore finale di p viene mostrato sul visore della calcolatrice.

Vogliamo ora definire l'insieme $\mathbb{Z}$ degli interi come un ampliamento di $\mathbb{N}$ in cui sia possibile simmetrizzare l'addizione. Un modello dell'insieme degli interi può essere costruito nel modo seguente. Consideriamo l'insieme delle coppie ordinate di numeri naturali (sottoinsieme di $\mathbb{N} \times \mathbb{N}$) aventi almeno un elemento nullo, cioè l'insieme delle coppie del tipo $(n, 0)$ oppure $(0, m)$, con $n, m \in \mathbb{N}$.

Definiamo l'addizione in tale insieme in modo tale che, a costruzione avvenuta, il sottoinsieme costituito dalle coppie $(n, 0)$ abbia la stessa struttura (cioè sia "isomorfo") ad $\mathbb{N}$. Poniamo

$$(n, 0) + (m, 0) := (n + m, 0), \quad (0, n) + (0, m) := (0, n + m)$$

$$(n, 0) + (0, m) := \begin{cases} (n - m, 0), & \text{se } n \geq m, \\ (0, m - n), & \text{altrimenti.} \end{cases}$$

La scrittura $n \geq m$ significa che esiste $d \in \mathbb{N}$ tale che $m + d = n$. Tale numero d viene indicato $n - m$. Se poi $n \geq m$ e $n \neq m$, scriveremo $n > m$.

Non è difficile verificare che l'addizione così definita è commutativa e associativa; l'elemento neutro è $(0, 0)$, mentre gli elementi $(n, 0)$ e $(0, n)$ sono opposti tra loro.

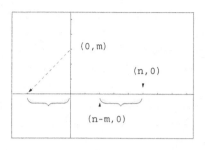 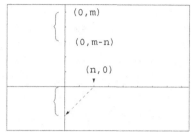

Figura 1.2 La somma di $(n, 0)$ e $(0, m)$ è $(n - m, 0)$ se $n \geq m$, è $(0, m - n)$ se $n < m$.

la moltiplicazione viene definita ponendo

$$(n, 0) \cdot (m, 0) = (0, n) \cdot (0, m) := (nm, 0),$$

$$(n, 0) \cdot (0, m) = (0, n) \cdot (m, 0) := (0, nm).$$

Si verificano per la moltiplicazione le proprietà associativa e commutativa; $(1,0)$ è l'elemento neutro della moltiplicazione e quest'ultima è distributiva rispetto all'addizione.

L'insieme delle coppie del tipo $(n, 0)$, essendo isomorfo ad $\mathbb{N}$ tramite l'isomorfismo

$$(n, 0) \mapsto n,$$

verrà semplicemente identificato con $\mathbb{N}$; in questo senso si può dire che $\mathbb{N}$ è contenuto in $\mathbb{Z}$, nonché scrivere n al posto di $(n, 0)$ e $-n$ al posto di $(0, n)$. Porremo ancora

$$n - m := n + (-m).$$

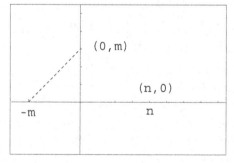

Figura 1.3 L'intero $(n, 0)$ viene identificato con n, l'intero $(0, m)$ con $-m$.

L'insieme $\mathbb{Z}$ (munito delle operazioni di addizione e moltiplicazione) possiede una struttura di anello commutativo (con unità); tale struttura è sintetizzata dalla Tabella 1.1. Si osservi che, per ogni $n \in \mathbb{Z}$, si ha una delle alternative

$$n = 0, \quad n \in \mathbb{N}^*, \quad -n \in \mathbb{N}^* \quad \text{(legge di tricotomia)}.$$

Osserviamo ancora che $\mathbb{Z}$ è un *dominio di integrità*, cioè vale la *legge di annullamento del prodotto*:

$$(nm = 0) \implies (n = 0 \vee m = 0),$$

o, in forma equivalente

$$(n \neq 0 \wedge m \neq 0) \implies (nm \neq 0).$$

Possiamo infine definire una relazione di *ordine totale* in $\mathbb{Z}$ ponendo

$$n \leq m \iff m - n \in \mathbb{N};$$

la scrittura $n < m$ significa $n \leq m$ e $n \neq m$, cioè $m - n \in \mathbb{N}^*$. La relazione così introdotta in $\mathbb{Z}$ è compatibile con le operazioni, nel senso che, per ogni $n, m, p \in \mathbb{Z}$, si ha

$$n \leq m \implies n + p \leq m + p,$$

e, per ogni $n, m \in \mathbb{Z}$ e per ogni $p \in \mathbb{N}$, si ha

$$n \leq m \implies np \leq mp.$$

Tabella 1.1 Struttura dell'anello $\mathbb{Z}$ degli interi.

$(x + y) + z = x + (y + z), \quad (xy)z = x(yz)$
(proprietà associativa)

$x + y = y + x, \quad xy = yx$
(proprietà commutativa)

Esiste un elemento, denotato 0 (zero), tale che $x + 0 = x$ per ogni x
(esistenza del neutro additivo)

Esiste un elemento $\neq 0$, denotato 1 (uno) tale che $1 \cdot x = x$ per ogni x
(esistenza del neutro moltiplicativo)

$x(y + z) = xy + xz$
(proprietà distributiva)

Per ogni x esiste y tale che $x + y = 0$
(esistenza del simmetrico additivo (= opposto))

Occupiamoci ora della divisione tra numeri interi; cominciamo dal caso dei numeri naturali: dati $n \in \mathbb{N}$ e $m \in \mathbb{N}^*$, se esiste $q \in \mathbb{N}$ tale che

$$n = qm$$

diremo che m è un *divisore* di m (oppure che n è un *multiplo* di m) e l'intero q viene chiamato *quoziente* della divisione di n per m. La divisibilità di n per

m è una circostanza in un certo senso eccezionale; se n non è divisibile per m, possiamo eseguire la "divisione con resto", cioè possiamo cercare due numeri naturali q ed r tali che sia

$$n = qm + r \qquad (1)$$

con la condizione ulteriore che si abbia

$$0 \le r < m. \qquad (2)$$

Non è difficile verificare che l'ultima condizione imposta individua univocamente q ed r (si veda l'esercizio 1.1 al termine del capitolo); il procedimento che vedremo tra un istante ci consentirà di dimostrare costruttivamente l'esistenza dei due numeri cercati. Tale procedimento è spesso citato come *divisione euclidea*, in quanto esso riproduce sostanzialmente quello descritto da Euclide, utilizzando un linguaggio geometrico, nel Libro VII (Prop. 1 e 2) degli *Elementi*. Lo scopo di Euclide è il calcolo del massimo comune divisore tra due interi positivi, e la divisione con resto, più precisamente la determinazione del solo resto, viene utilizzata come passo intermedio per ottenere tale scopo.

L'idea di Euclide è semplice. Innanzitutto, se $0 \le n < m$, allora $q = 0$ e $r = n$. In caso contrario, cioè se $0 < m \le n$, si sottrae m da n tante volte quant'è necessario perché il *resto*, cioè la quantità che rimane, scenda al disotto di m. Il quoziente q si ottiene contando quante volte m è stato sottratto da n per arrivare ad un resto inferiore ad m.

Ad esempio, se $n = 14$ e $m = 4$, poiché $n > m$, eseguiamo ripetutamente la sottrazione della costante 4 a partire da 14, ottenendo in sequenza i valori 10, 6, 2; dopo 3 sottrazioni abbiamo ottenuto il valore 2 minore di 4, quindi $q = 3$, $r = 2$. Infatti

$$14 = 3 \cdot 4 + 2.$$

ALGORITMO 1.2 - Divisione euclidea (prima versione).

Dati i numeri $n \in \mathbb{N}$ e $m \in \mathbb{N}^*$, si calcolano $q, r \in \mathbb{N}$ tali che $n = qm + r$, con $0 \le r < m$.

0. $n \to R$, $m \to M$
1. $0 \to Q$
2.   finché $R \ge M$, ripetere:
2.1 $Q + 1 \to Q$
2.2 $R - M \to R$
3.   stampare Q, R
4.   fine.

Si osservi che, dopo ogni esecuzione del blocco di istruzioni contenute al passo 2, la quantità $QM + R$ si mantiene *invariante*: essa conserva il valore n assunto all'atto dell'inizializzazione delle variabili in gioco.

Lasciamo come esercizio la costruzione del diagramma di flusso dell'algoritmo 1.2.

È interessante osservare che, se nell'algoritmo 1.2 si sopprimono tutte le istruzioni relative alla variabile Q, si ottiene un algoritmo per il calcolo del solo resto.

ALGORITMO 1.3 - Calcolo del resto della divisione di un numero naturale per un numero naturale positivo.

Dati i numeri $n \in \mathbb{N}$ e $m \in \mathbb{N}^*$, si calcola il resto della divisione di n per m.

0. $n \to R$, $m \to M$
1. finché $R \geq M$, ripetere:
1.1 $R - M \to R$
2. stampare R
3. fine.

Vogliamo ora estendere la divisione intera al caso in cui il dividendo è un intero di segno qualunque, il divisore restando ancora un intero positivo. Sia dunque $n \in \mathbb{Z}$ e $m \in \mathbb{N}^*$; vogliamo ancora determinare gli interi q e r in modo che sia

$$n = qm + r, \quad 0 \leq r < m. \tag{3}$$

Se n è un numero naturale, sappiamo come procedere. Sia dunque n un numero negativo; possiamo innanzitutto calcolare il quoziente e il resto della divisione di $|n| = -n$ per m. Se

$$|n| = -n = q^*m + r^*, \quad \text{con } 0 \leq r^* < m,$$

passando agli opposti otteniamo

$$n = -q^*m - r^*, \tag{4}$$

dove attualmente si ha $-m < -r^* \leq 0$. Se $r^* = 0$, ponendo $q := -q^*$, $r := r^* = 0$, si ottiene la (3). In caso contrario, se a secondo membro della (4) si somma e si sottrae m, si può scrivere

$$n = -q^*m - m + m - r^* = (-q^* - 1)m + m - r^* = qm + r,$$

a patto di porre

$$q := -q^* - 1, \quad r := m - r^*.$$

L'informazione che possediamo su r^* ci garantisce che, in ogni caso, si ha $0 \leq r < m$.

Ad esempio, se $n = -7$, $m = 3$, abbiamo le uguaglianze

$$7 = 2 \cdot 3 + 1 \quad \Longleftrightarrow \quad -7 = -2 \cdot 3 - 1 = -2 \cdot 3 - 3 + 3 - 1 = -3 \cdot 3 + 2.$$

In generale, dividendo entrambi i membri della (3) per m si ottiene

$$\frac{n}{m} = q + \frac{r}{m}, \quad \text{con } 0 \leq \frac{r}{m} < 1,$$

cioè q è l'*approssimazione intera per difetto* del quoziente n/m. Se si introduce la funzione

$$\lfloor x \rfloor := \max\{z \in \mathbb{Z} \mid z \leq x\},$$

allora

$$q = \left\lfloor \frac{n}{m} \right\rfloor. \tag{5}$$

Per il quoziente e il resto della divisione dell'intero n per l'intero positivo m useremo i simboli

$$n \text{ div } m, \qquad n \text{ mod } m. \tag{6}$$

La discussione precedente ci dice che tali quantità possono essere calcolate mediante addizioni/sottrazioni e confronti tra interi. Possiamo completare l'Algoritmo 1.2 con il seguente

ALGORITMO 1.4 - Divisione euclidea di un numero intero per un numero intero positivo.

Dati $n \in \mathbb{Z}$ e $m \in \mathbb{N}^*$, si calcolano $q := n \text{ div } m$ e $r := n \text{ mod } m$, cioè gli interi q e r tali che $n = qm + r$, con $0 \leq r < m$.

0. $n \to N$, $m \to M$
1. $|N| \text{ div } M \to Q$
2. $|N| \text{ mod } M \to R$
3. se $N < 0$, allora:
3.1 $-Q \to Q$
3.2   se $R > 0$, allora:
3.2.1 $M - R \to R$
3.2.2 $Q - 1 \to Q$
4. stampare Q, R
5. fine

Nella maggior parte dei linguaggi di programmazione le funzioni

$$(n, m) \mapsto n \text{ div } m, \qquad (n, m) \mapsto n \text{ mod } m$$

sono direttamente implementate. Ecco una tabella che mostra le notazioni utilizzate da alcuni dei linguaggi maggiormente in uso:

Derive	TI-BASIC	Matlab	Maple	*Mathematica*
FLOOR(n,m)	intDiv(n,m)	fix(n/m)	iquo(n,m)	Quotient[n,m]
MOD(n,m)	mod(n,m)	rem(n,m)	irem(n,m)	Mod[n,m]

Nel sistema *Derive* è indifferente usare le minuscole oppure le maiuscole (in generale esso non è *case sensitive*), a differenza, ad esempio di *Mathematica* e di tutti i sistemi che utilizzano internamente il linguaggio C.

Avendo completato il quadro delle operazioni in $\mathbb{Z}$, mostriamo come si possa utilizzare quanto già conosciamo per passare dalla rappresentazione decimale dei numeri interi alla rappresentazione rispetto ad una qualunque altra base $b \geq 2$. Possiamo limitarci a considerare numeri naturali. Ricordiamo che la consueta rappresentazione decimale è una notazione *posizionale*, nel senso che il significato delle diverse cifre che costituiscono un allineamento decimale dipende dalla posizione che esse occupano le une rispetto alle altre.

Ad esempio, l'allineamento 127 sta ad indicare il numero

$$1 \cdot 10^2 + 2 \cdot 10^1 + 7 \cdot 10^0.$$

Come per la rappresentazione decimale occorrono dieci simboli, cioè le cifre 0, 1, 2, 3, 4, 5, 6, 7, 8, 9, per la rappresentazione in base b occorrono b simboli per rappresentare i numeri naturali minori di b. Se $b < 10$, si possono utilizzare le prime b cifre decimali, Ad esempio, per la rappresentazaione *binaria*, cioè in base due, si utilizzano le cifre 0 e 1, per la rappresentazione *ottale*, cioè in base otto, si utilizzano le cifre 0, 1, 2, 3, 4, 5, 6, 7.

Un allineamento b-adico è costituito da una stringa di cifre b-adiche, e, se $b \neq 10$, tale stringa viene racchiusa entro parentesi, mentre la base b viene indicata fuori parentesi (dunque l'assenza di parentesi sottintende la base dieci).

Alcuni esempi:

$$(1101)_2 = 1 \cdot 2^3 + 1 \cdot 2^2 + 0 \cdot 2^1 + 1 \cdot 2^0 = 13;$$

$$(17)_8 = 1 \cdot 8^1 + 7 \cdot 8^0 = 15;$$

$$(120)_3 = 1 \cdot 3^2 + 2 \cdot 3^1 + 0 \cdot 3^0 = 15.$$

Se $b > 10$, si possono utilizzare, oltre alle cifre decimali, le lettere dell'alfabeto. Ad esempio, per la rappresentazione *esadecimale* (cioè in base sedici) è consuetudine usare i simboli

$$0, 1, 2, 3, 4, 5, 6, 7, 8, 9, A, B, C, D, E, F,$$

dove le lettere stanno ad indicare gli interi da dieci a quindici.

Tuttavia se il nostro calcolatore accetta in ingresso, e restituisce in uscita, soltanto cifre decimali, non è vietato considerare le coppie di cifre decimali 11, 12, 13, 14, 15 come "cifre esadecimali"; si dice in tal caso che le cifre in questione sono *codificate in forma decimale*. Naturalmente non si deve confondere la cifra esadecimale 13 con il numero $(13)_{16} = 1 \cdot 16^1 + 3 \cdot 16^1 0 = 19$. La Tabella 1.2 mostra, ad esempio, come le cifre decimali possano essere codificate in forma binaria: occorrono non più di quattro *bit* (cioè cifre binarie) per ogni cifra decimale.

Riprendiamo in considerazione un numero scritto in base dieci, ad esempio il numero 127 considerato poco sopra. Se si esegue la divisione di 127 per la base del sistema di numerazione, cioè per dieci, si ottiene il resto 7, cioè l'ultima cifra (la meno significativa) dell'allineamento considerato, e il quoziente 12; si divide il quoziente per dieci e si ottiene il resto 2, cioè la

Tabella 1.2

cifre decimali	rappresentazione binaria
0	0000
1	0001
2	0010
3	0011
4	0100
5	0101
6	0110
7	0111
8	1000
9	1001

seconda cifra da destra, ed il quoziente 1; se infine si divide 1 per dieci si ottiene il resto 1, cioè la terza cifra da destra, e il quoziente 0.

Un procedimento del tutto analogo può essere seguito per determinare le cifre della rappresentazione di un numero naturale rispetto ad una base $b \geq 2$, procedendo da destra a sinistra, cioè cominciando dalla cifra meno significativa.

Si esegue la divisione di n per b e si prende il resto; questo sarà il coefficiente di b elevato a 0, cioè la cifra corrispondente alle unità.

Sul quoziente ottenuto si ripete la divisione per b e si prende il resto: questo sarà il coefficiente di b elevato a 1; si procede allo stesso modo fino ad ottenere il quoziente 0. Ai resti calcolati corrispondono le cifre della rappresentazione di n in base b, dalla meno significativa alla più significativa.

Ecco come vanno le cose per $n = 15$ e $b = 3$:

quozienti: 5   1   0

resti: 0   2   1 ;

dunque $15 = (120)_3$.

In modo più formale il procedimento può essere descritto nel modo seguente: indichiamo con n_0 il numero n di cui si cerca la rappresentazione in base b; la *sequenza dei quozienti* n_i viene definita in modo ricorsivo ponendo

$$n_{i+1} := n_i \text{ div } b, \quad \text{per } i = 0, 1, \ldots, k,$$

dove k è il minimo indice per cui $n_{k+1} = 0$. Un tale indice esiste certamente, in quanto i quozienti costituiscono una sequenza strettamente decrescente di numeri naturali. La sequenza dei resti è definita in modo analogo, ponendo

$$r_i := n_i \bmod b, \quad \text{per } i = 0, 1, \ldots, k.$$

Si osservi che

$$n_i = n_{i+1}b + r_i, \quad i = 0, 1, \ldots, k, \tag{7}$$

dove, in particolare, $n_k = r_k$. Partendo dall'uguaglianza $n_0 = n_1 b + r_0$, e sostituendo in essa, ripetutamente, al posto di n_i, $i = 1, 2, \ldots, k$, l'espressione (7) ottenuta poco sopra, si perviene all'uguaglianza

$$n = n_0 = r_k b^k + r_{k-1} b^{k-1} + \ldots + r_1 b + r_0,$$

cioè r_i è il coefficiente di b elevato all'esponente i nella rappresentazione cercata.

ALGORITMO 1.5 - Rappresentazione b-adica di un numero naturale.

Dato il numero naturale n e la base $b \geq 2$, si determinano da destra a sinistra (cioè a partire dalla cifra meno significativa) le cifre della rappresentazione di n in base b.

0. $n \to Q$, $n \to B$

1.   ripetere:

1.1 $Q \bmod B \to R$

1.2   stampare la cifra corrispondente a R

1.3 $Q \operatorname{div} B \to Q$

2.   fine

Una traduzione dell'algoritmo precedente nel linguaggio TI-BASIC, relativamente caso $b = 2$ (rappresentazione binaria), è contenuta nell'Appendice 1 al termine del volume.

Vediamo ora come determinare la rappresentazione decimale di un numero naturale a partire dalla sua rappresentazione b-adica. Sia

$$n = (a_k\, a_{k-1} \ldots a_1\, a_0)_b;$$

allora $n = a_k b^k + a_{k-1} b^{k-1} + \ldots + a_1 b + a_0$. Se le cifre b-adiche e la base b sono codificate in forma decimale, per avere la rappresentazione decimale di n dobbiamo calcolare per $x = b$ la funzione polinomiale

$$p(x) := a_k x^k + a_{k-1} x^{k-1} + \ldots + a_1 x + a_0,$$

ove s'intende che tutte le operazioni vengono eseguite utilizzando la rappresentazione decimale degli operandi.

Siamo così condotti al problema del calcolo del valore di una funzione polinomiale in un punto assegnato. Se il grado k della funzione in questione è 1, cioè $p(x) = a_1 x + a_0$, non c'è scelta tra algoritmi diversi; ma già per $k = 2$ i due membri dell'uguaglianza

$$a_2 x^2 + a_1 x + a_0 = (a_2 x + a_1)\, x + a_0$$

suggeriscono due diversi algoritmi: il primo richiede tre moltiplicazioni e due addizioni, mentre il secondo richiede una moltiplicazione in meno.

In generale si può osservare che

$$a_k x^k + a_{k-1} x^{k-1} + \ldots + a_1 x + a_0 = (\ldots (a_k x + a_{k-1})\, x + a_{k-2})\, x + \ldots + a_0;$$

il secondo membro suggerisce un algoritmo, noto come *schema di Ruffini-Horner*, dal nome dell'italiano Paolo Ruffini (1765-1822) e dell'inglese William G. Horner (1786-1837), che consente di calcolare $p(x)$, per x assegnato, con k moltiplicazioni e altrettante addizioni.

ALGORITMO 1.6 - Calcolo di un polinomio in un punto assegnato.

I registri $A(K)$, $A(K-1)$, ..., $A(1)$, $A(0)$ contengono, nell'ordine, i coefficienti $a_k, a_{k-1}, \ldots, a_1, a_0$ del polinomio $p(x) := a_k x^k + a_{k-1} x^{k-1} + \ldots + a_1 x + a_0$; l'algoritmo restituisce $p(x)$, per x assegnato, come valore finale della variabile P.

0. $x \to X$, $k \to J$
1. $A(J) \to P$
2. finché $J > 0$, ripetere:
2.1 $J - 1 \to J$
2.2 $P \cdot X + A(J) \to P$
3. stampare P
4. fine

Si osservi che l'algoritmo descritto funziona correttamente anche se il grado del polinomio è zero, cioè se esso si riduce ad una costante. Naturalmente l'algoritmo di Ruffini-Horner funziona perfettamente bene anche se i coefficienti del polinomio e il valore della variabile x sono numeri reali o complessi, a patto che le operazioni di addizione e moltiplicazione tra numeri di tal tipo possano essere considerate azioni elementari.

Torniamo alla rappresentazione dei numeri naturali rispetto ad una base b. La scelta $b = 2$ è la più semplice in quanto richiede due simboli soltanto, 0 e 1, e pertanto i numeri scritti rispetto a tale base possono essere rappresentati, su un supporto fisico, mediante una qualunque grandezza che esiste in due stati stabili e distinti, È interessante osservare che, così come nella rappresentazione decimale la moltiplicazione di un intero per dieci (cioè per la base) si ottiene semplicemente aggiungendo uno zero in coda al corrispondente allineamento decimale, e la divisione per dieci si ottiene sopprimendo l'ultima cifra a destra dell'allineamento stesso (cifra che rappresenta il resto della divisione), analogamente rispetto alla base due basta aggiungere uno zero in coda all'allineamento binario per raddoppiare il numero, mentre per ottenere quoziente e resto della divisione per due basta sopprimere l'ultima cifra a destra dell'allineamento in questione, cifra che rappresenta il resto.

Nei linguaggi di programmazione "di basso livello" è possibile accedere direttamente alla rappresentazione binaria dei dati all'interno della memoria dell'elaboratore: la moltiplicazione per due non è altro che la traslazione a sinistra (di un posto) delle cifre binarie con aggiunta di uno zero in coda, la divisione per due è la traslazione a destra delle cifre stesse, con eliminazione dell'ultima cifra a destra che costituisce il resto della divisione per due.

La tabella seguente mostra ciò sui numeri $n = 10, 5, 15$, rappresentati in forma binaria.

n	n div 2	n mod 2	$2 \cdot n$
1010	101	0	10100
101	10	1	1010
1111	111	1	11110

Possiamo dunque considerare le operazioni

$$n \text{ div } 2, \qquad n \text{ mod } 2, \qquad 2 \cdot n$$

come nuove operazioni elementari da aggiungere a quelle che abbiamo considerato all'inizio del capitolo.

Alla luce di quanto precede, rivediamo il problema della moltiplicazione tra due numeri naturali n e m. Sia

$$n = (a_k \, a_{k-1} \ldots a_1 \, a_0)_2,$$

dove ciascun a_j, $0 \le j < k$, vale 0 oppure 1, mentre $a_k = 1$. Dunque

$$n = 2^k + a_{k-1} \, 2^{k-1} + \ldots + a_1 \, 2 + a_0$$

e pertanto

$$nm = 2^k \, m + a_{k-1} 2^{k-1} \, m + \ldots + a_1 \, 2 \, m + a_0 \, m.$$

In definitiva il prodotto nm può essere espresso come somma di addendi del tipo $2^j \, m$, $j = 0, 1, 2 \ldots, k$, e precisamente come somma di quegli addendi a cui corrisponde una cifra binaria a_j uguale a 1.

D'altra parte, la successione di valori $m, 2m, \ldots, 2^{k-1} \, m, 2^k \, m$ si ottiene da m mediante ripetuti raddoppi, cioè usando più volte una delle azioni elementari che poco sopra abbiamo considerato.

ALGORITMO 1.7 - Moltiplicazione tra due numeri naturali (2° versione).

Dati $n, m \in \mathbb{N}$, si calcola $p := nm$.

   0. $n \to N, m \to M$

   1. $0 \to P$

   2.   finché $N > 0$, ripetere:

  2.1   se N mod $2 > 0$,

           allora:

  2.1.1 $N - 1 \to N$

  2.1.2 $P + M \to P$

           altrimenti:

  2.1.3 N div $2 \to N$

  2.1.4 $2M \to M$

   3.   stampare P

   4.   fine

Per verificare la correttezza dell'algoritmo proposto, basta osservare che la quantità $NM + P$ si mantiene invariante sia rispetto alla coppia di istruzioni 2.2.1 - 2.1.2 sia rispetto alla coppia 2.1.3 - 2.1.4. Infatti

$$NM + P = (N - 1)M + P + M, \tag{8}$$

e rispettivamente

$$NM + P = (N/2)(2M) + P. \tag{9}$$

Poiché l'invariante vale nm ad inizializzazione avvenuta, tale sarà il suo valore al termine dell'algoritmo; ma poiché N vale 0 al termine dell'algoritmo, ne segue, come si voleva, che il valore finale di P è nm.

Un confronto con l'algoritmo 1.1 mostra che l'algoritmo attuale è più efficiente, cioè meno "complesso": nella peggiore delle ipotesi vengono eseguite tante addizioni quante sono le cifre della rappresentazione binaria di n, dunque

$$\lfloor \log_2 n \rfloor + 1$$

mentre l'algoritmo 1.1 richiede n addizioni.

Ciò discende dal fatto che, mentre l'algoritmo 1.1 utilizza sistematicamente l'identità (8), l'algoritmo attuale sfrutta l'identità (9), ben più vantaggiosa, tutte le volte che ciò è possibile, cioè ogni volta che N è pari.

In altri termini: la variabile N assume una sequenza strettamente decrescente di valori naturali, generata ricorsivamente a partire dal valore n, in base alla seguente regola: se N è pari, esso viene dimezzato, se è dispari viene diminuito di un'unità. È chiaro che dopo un numero finito di iterazioni N raggiunge il valore 0 e l'algoritmo termina.

L'algoritmo appena descritto era già noto ai matematici dell'antico Egitto ed è per questo che viene spesso citato come "moltiplicazione egiziana"; esso risulta agevole anche da eseguirsi sull'abaco e, per questa ragione, viene altre volte citato come "metodo dei contadini russi", in ragione della popolarità di cui l'abaco godeva, fino a non molto tempo fa, presso il popolo russo. Per una versione alternativa dell'algoritmo allo studio, si veda l'esercizio 1.4.

Un analogo perfezionamento può essere apportato all'algoritmo di divisione 1.2. È evidente che se n è molto più grande di m, il numero di sottrazioni richieste dall'algoritmo citato (cfr. istruzione 2.1) è molto elevato; nasce quindi l'idea di utilizzare sottraendi più grandi del divisore.

Siano $n \in \mathbb{N}$ e $m \in \mathbb{N}^*$ due numeri assegnati e sia

$$n = qm + r, \quad 0 \le r < m;$$

se $q = (a_k \, a_{k-1} \ldots a_1 \, a_0)_2$, allora

$$n = (2^k + a_{k-1} 2^{k-1} + \ldots + a_1 2 + a_0)\, m + r,$$

e dunque r si può ottenere da n sottraendo addendi del tipo $2^j m$. Per ottenere il più grande tra tali addendi si può procedere a raddoppi successivi di m fino a superare n, seguiti da un dimezzamento dell'ultima quantità ottenuta.

Sulla base della discussione appena fatta, si esamini il seguente

ALGORITMO 1.8 - Divisione euclidea (seconda versione).

Dati $n \in \mathbb{N}$, $m \in \mathbb{N}^*$, si calcolano $q, r \in \mathbb{N}$ tali che $n = qm + r$, con $0 \leq r < m$.

   0. $n \to R$, $m \to M$

   1. $0 \to Q$

   2. $M \to W$

   3.   finché $W \leq R$, ripetere:

   3.1 $2W \to W$

   4.   finché $W > M$, ripetere:

   4.1 $2Q \to Q$

   4.2 W div $2 \to W$

   4.3   se $W \leq R$, allora:

   4.3.1 $Q + 1 \to Q$

   4.3.2 $R - W \to R$

   5.   stampare Q, R

   6.   fine

Per dimostrare la correttezza del precedente algoritmo basta osservare che la quantità $QW + R$ si mantiene invariante, con valore nm. Se q e r sono i valori finali delle variabili Q e R rispettivamente, poiché il valore finale di R è inferiore al valore finale di W (cfr. istruzione 4.3) e quest'ultimo è m, se ne trae, come si voleva, che $n = qm + r$, con $0 \leq r < m$.

Osserviamo, incidentalmente, che la realizzazione delle funzioni $(n, m) \mapsto n$ div m e $(n, m) \mapsto n$ mod m, a livello di linguaggio macchina, segue sostanzialmente lo schema dell'algoritmo descritto.

Siano n e m due numeri naturali non entrambi nulli; si chiama *massimo comune divisore* dei numeri assegnati un numero $d \in \mathbb{N}^*$ tale che

i) d è divisore tanto di n quanto di m;

ii) ogni divisore comune a n e m è divisore di d.

Se la relazione di divisibilità viene indicata col simbolo $a|b$ (da leggersi "a divide b"), allora le proprietà che definiscono il numero d si scrivono

$$d|m, \quad d|m, \quad \forall c\big((c|n \wedge c|m) \implies c|d\big).$$

Dalle definizione segue subito l'unicità del massimo comune divisore. Infatti se d e d' fossero due massimi comuni divisori, dovremmo avere tanto $d|d'$ (d è un divisore comune a n e m), quanto, scambiando i ruoli di d e d', $d'|d$: ne segue $d = d'$, essendo per ipotesi $d, d' \in \mathbb{N}^*$.

Useremo il simbolo $\mathrm{MCD}(n, m)$ per indicare il massimo comune divisore di n e m; se $\mathrm{MCD}(n, m) = 1$, cioè l'unico divisore comune ai numeri dati è l'unità, diremo che n e m sono *primi tra loro* (o anche *coprimi*).

Quanto all'esistenza del MCD, osserviamo innanzitutto che se uno dei due numeri dati è multiplo dell'altro, e divisori comuni si riducono ai divisori di quest'ultimo, che pertanto è anche il massimo comune divisore cercato. Alcuni esempi:

$$MCD(12,4) = 4, \quad MCD(7,7) = 7, \quad MCD(3,6) = 3, \quad MCD(5,0) = 5.$$

L'ultimo risultato segue dal fatto che 0 è multiplo di qualunque numero naturale; dunque se uno dei due numeri, n oppure m, è nullo, l'altro è il massimo comune divisore della coppia in esame.

Se non si verifica la condizione precedente, supposto $m > 0$, si può dividere n per m ottenendo

$$n = qm + r, \quad 0 \leq r < m;$$

se d è un divisore comune a m e r, esso è anche divisore di n, e viceversa, dall'uguaglianza $r = n - qm$ segue che se d è un divisore comune a n e m, esso è anche divisore di r.

In altri termini: i divisori comuni a n e m sono tutti i divisori comuni a m e r e soltanto essi; se ne conclude che

$$MCD(n,m) = MCD(m,r).$$

Apparentemente non abbiamo fatto progressi verso la soluzione del problema dato: abbiamo semplicemente sostituito la coppia (dividendo, divisore) con la coppia (divisore, resto). Tuttavia, se si osserva che il resto è minore del divisore, non è difficile dimostrare che, ripetendo un numero finito di volte il procedimento appena descritto, si perviene ad una coppia avente il secondo elemento nullo, dunque una coppia che ha come primo elemento il massimo comune divisore cercato.

La procedura sommariamente descritta costituisce l'*algoritmo euclideo per il calcolo del massimo comune divisore*, a cui abbiamo già accennato a proposito dell'algoritmo 1.2. Per una migliore comprensione di quanto precede, introduciamo le seguenti notazioni: al posto di n e m scriviamo n_0 e n_1; la *sequenza di resti* n_i viene definita in modo ricorsivo ponendo

$$n_{i+1} := n_{i-1} \bmod n_i, \quad i = 1, 2, \ldots, k, \tag{10}$$

dove k è il minimo indice per tale che $n_{k+1} = 0$. Un tale indice k esiste certamente, in quanto si ha $0 \leq n_{i+1} < n_i$, per $i > 1$. L'ultimo resto non nullo, cioè n_k, è il massimo comune divisore di tutte le coppie (n_i, n_{i+1}), dunque il massimo comune divisore cercato. Il numero k, che fornisce una misura del numero di operazioni eseguite, viene chiamato *lunghezza* dell'algoritmo euclideo.

La tabella seguente mostra la situazione per i numeri 15 e 6.

i	n_i	
0	15	
1	6	
2	3	
3	0	MCD(15,6) = 3

ALGORITMO 1.9 - Calcolo del MCD tra due numeri interi positivi (prima versione).

Dati $n, m \in \mathbb{N}^*$, si calcola il loro massimo comune divisore.

    0. $n \to X$, $m \to Y$

    1. $X \bmod Y \to R$

    2. se $R = 0$, allora

    2.1   stampare Y

    2.2   fine.

    3. $Y \to X$

    4. $R \to Y$

    5. riprendere dal passo 1.

Le due istruzioni $Y \to X$ e $R \to Y$ provvedono a sostituire la coppia (dividendo, divisore) con la coppia (divisore, resto); il lettore provi a scoprire che cosa accadrebbe se l'ordine di esecuzione venisse invertito, cioè si eseguisse prima l'istruzione $R \to Y$ e poi l'istruzione $Y \to X$.

Si osservi ancora che l'algoritmo precedente non richiede che sia $n \geq m$. Ad esempio, per $n = 6$, $m = 8$, si ha 6 mod 8 = 6; le istruzioni $Y \to X$ e $R \to Y$ non fanno altro che scambiare i valori delle variabili X e Y, dopodiché l'algoritmo procede con i valori $X = 8$, $Y = 6$.

Si ottiene un algoritmo più semplice (nel senso che il blocco delle istruzioni non è spezzato in due da un'istruzione di controllo) se la verifica sull'annullamento del resto viene eseguita dopo l'aggiornamento delle variabili X e Y.

ALGORITMO 1.10 - Calcolo del MCD tra due numeri interi positivi (seconda versione).

Dati $n, m \in \mathbb{N}^*$, si calcola il loro massimo comune divisore.

    0. $n \to X$, $m \to Y$

    1.   ripetere:

    1.1 $X \bmod Y \to R$

    1.2 $Y \to X$

    1.3 $R \to Y$

        fino a quando $R = 0$

    2. stampare X

    3. fine.

Il lettore attento avrà osservato che attualmente l'ultimo resto non nullo (cioè il MCD cercato) è contenuto nel registro X, e questo spiega l'istruzione contenuta al passo 2.

La differenza tra la versione appena descritta e la precedente consiste, in sostanza, nel fatto che la doppia sostituzione $Y \to X$, $R \to Y$ viene fatta anche l'ultima volta che viene eseguito il blocco di istruzioni contenuto al passo 1, cioè anche quando $R = 0$, dunque una volta più del necessario.

In precedenza abbiamo ottenuto l'uguaglianza

$$\text{MCD}(n, m) = \text{MCD}(m, n \bmod m),$$

nell'ipotesi che sia $m > 0$, mentre risulta

$$\text{MCD}(n, 0) = n \quad \text{per } n \in \mathbb{N}^*.$$

Con ciò siamo condotti a definire ricorsivamente la funzione $(n, m) \mapsto \text{MCD}(n, m)$ come definita su $\mathbb{N} \times \mathbb{N}$ mediante la formula

$$\text{MCD}(n, m) := \begin{cases} n, & \text{se } m = 0, \\ \text{MCD}(m, n \bmod m), & \text{altrimenti.} \end{cases} \qquad (11)$$

Si osservi che, con tale definizione, si ha $\text{MCD}(0, 0) = 0$.

L'algoritmo euclideo può essere interpretato come il calcolo della funzione

$$(n, m) \mapsto \text{MCD}(n, m)$$

mediante applicazione ripetuta della formula ricorsiva (11). In termini equivalenti: a partire dalla coppia (n, m) viene generata una sequenza finita di coppie mediante la regola di trasformazione

$$(n, m) \to (m, n \bmod m)$$

fino a pervenire ad una coppia avente il secondo elemento nullo: il primo elemento di tale coppia finale è il MCD cercato.

ALGORITMO 1.11 - Calcolo del MCD tra due numeri naturali.

Dati $n, m \in \mathbb{N}$, si calcola il loro massimo comune divisore.

 0. $n \to X$, $m \to Y$

 1. finché $Y > 0$ ripetere:

 1.1 $X \bmod Y \to R$

 1.2 $Y \to X$

 1.3 $R \to Y$

 2. stampare X

 3. fine.

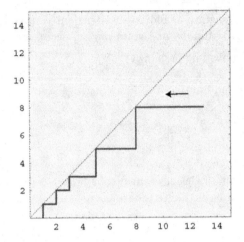

X	Y	R
13	8	5
8	5	3
5	3	2
3	2	1
2	1	0
1	0	

MCD(13,8) = 1

Figura 1.4 Se le coppie (n_i, n_{i+i}), $i = 0, 1, 2, \ldots, k$, generate dall'algoritmo euclideo vengono rappresentate mediante punti in un diagramma cartesiano, si ottiene una sequenza di punti dotati delle seguenti proprietà:

1) tutti i punti, ad eccezione al più del primo, giacciono al disotto della diagonale del primo quadrante;

2) a partire dal secondo punto, l'ascissa di ciascun punto è l'ordinata del precedente;

3) a partire dal secondo punto la sequenza delle ascisse è strettamente decrescente ed ha come ultimo elemento il MCD tra n_0 e n_1.

In figura ogni punto è congiunto al successivo mediante una spezzata a lati paralleli agli assi coordinati.

La funzione $(n, m) \mapsto \mathrm{MCD}(n, m)$ può essere prolungata da $\mathbb{N} \times \mathbb{N}$ a $\mathbb{Z} \times \mathbb{Z}$ ponendo $\mathrm{MCD}(n, m) := \mathrm{MCD}(|n|, |m|)$.

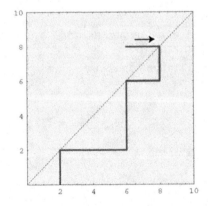

X	Y	R
6	8	6
8	6	2
6	2	0
2	0	

MCD(6,8) = 2

Figura 1.5 Se $n < m$, il primo passo dell'algoritmo euclideo scambia tra loro i valori dei numeri assegnati. In figura la situazione per $n = 6$, $m = 8$.

In alcuni linguaggi di programmazione si tratta di una funzione direttamente disponibile: ad esempio, in TI-BASIC essa viene indicata gcd(n,m), in *Derive* GCD(n,m), in Maple igcd(n,m), in *Mathematica* GCD[n,m] (GCD sta per *Greatest Common Divisor*).

Abbiamo già detto che due numeri n e m il cui MCD sia 1 si dicono *primi tra loro* (o *coprimi*); la figura 1.6 illustra la relazione "n è coprimo rispetto ad m" relativamente agli interi compresi tra 1 e 50.

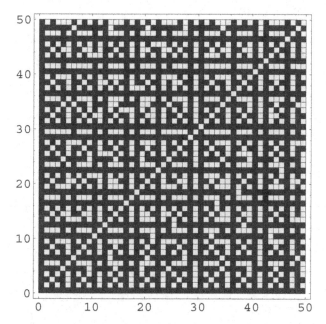

Figura 1.6 Il punto di coordinate (n, m) è nero se n è primo rispetto a m, bianco in caso contrario. Si osservino i punti della diagonale che va dall'angolo a sinistra in basso all'angolo a destra in alto: essi sono tutti bianchi ad eccezione del primo che corrisponde alla coppia $(1, 1)$. Al contrario i punti adiacenti alla diagonale considerata sono tutti neri; si osservi la simmetria del grafico rispetto a tale diagonale. Lasciamo al lettore l'esame delle righe (e delle colonne) che corrispondono ad un numero primo.

Vogliamo ora perfezionare l'algoritmo euclideo dimostrando che il massimo comune divisore tra n e m, $d = \text{MCD}(n, m)$, può essere espresso come combinazione lineare a coefficienti interi dei numeri dati n e m:

$$d = sm + tn, \quad \text{con } s, t \in \mathbb{Z}. \tag{12}$$

A tale scopo dimostriamo, più in generale, che tutti i numeri della sequenza di resti (10) possono essere espressi come combinazioni lineari a coefficienti interi dei primi due numeri della sequenza stessa, cioè esistono $s_i, t_i \in \mathbb{Z}$, tali che

$$s_i\, n_0 + t_i\, n_1 = n_i, \quad \text{per } i = 0, 1, \ldots, k. \tag{12'}$$

L'uguaglianza scritta è certamente vera per $i = 0$ e $i = 1$: basta porre

$$s_0 := 1, \ t_0 := 0, \quad s_1 := 0, \ t_1 := 1.$$

Procediamo ora per induzione, supponendo che la formula (12') sia soddisfatta per tutti gli indici fino ad un certo valore i e dimostriamo che la stessa uguaglianza è soddisfatta per l'indice $i + 1$.

Abbiamo posto (cfr. (10))

$$n_{i+1} := n_{i-1} - q_i\, n_i,$$

dove $q_i := n_{i-1}$ div n_i; per l'ipotesi induttiva esistono degli interi s_{i-1}, t_{i-1}, s_i e t_i per cui

$$n_{i-1} = s_{i-1}\, n_0 + t_{i-1}\, n_1, \quad n_i = s_i\, n_0 + t_i\, n_1.$$

Sostituendo le ultime due espressioni nella formula precedente si ottiene

$$n_{i+1} = s_{i+1}\, n_0 + t_{i+1}\, n_1,$$

avendo posto

$$s_{i+1} := s_{i-1} - q_i\, s_i, \quad t_{i+1} := t_{i-1} - q_i\, t_i. \tag{13}$$

Si osservi l'analogia con la formula che definisce la sequenza dei resti n_i, vista poco sopra.

Ecco la situazione relativa ai numeri $n = n_0 = 13$, $m = n_1 = 8$:

i	q_i	n_i	s_i	t_i
0	-	13	1	0
1	1	8	0	1
2	1	5	1	-1
3	1	3	-1	2
4	1	2	2	-3
5	2	1	-3	5
6	-	0	-	-

Dunque $k = 5$ (lunghezza dell'algoritmo euclideo) e

$$\text{MCD}(13, 8) = 1 = -3 \cdot 13 + 5 \cdot 8 = -39 + 40.$$

La discussione precedente si presta ad essere tradotta in forma algoritmica. L'algoritmo seguente utilizza tre coppie di variabili, denominate

$$XV, \ XN, \quad SV, \ SN, \quad TV, \ TN$$

per memorizzare coppie del tipo (n_i, n_{i+1}), (s_i, s_{i+1}), (t_i, t_{i+1}) (le lettere V e N con cui terminano i nomi delle variabili sono un espediente mnemonico per indicare "vecchio" e "nuovo"). Serve anche una variabile Q per la memorizzazione dei quozienti q_i ed infine un'ultima variabile R per la memorizzazione dei resti.

ALGORITMO 1.12 - Calcolo del MCD tra due numeri naturali (versione estesa).

Dati $n, m \in \mathbb{N}$, si calcolano $d = \text{MCD}(n, m)$ e due interi s e t tali che $d = sn + tm$.

0. $n \to XV$, $m \to XN$

1. $1 \to SV$, $0 \to SN$, $0 \to TV$, $1 \to TN$

2. finché $XN > 0$ ripetere:

2.1 XV div $XN \to Q$

2.2 XV mod $XN \to R$

2.3 $XN \to XV$

2.4 $R \to XN$

2.5 $SV - Q \cdot SN \to R$

2.6 $SN \to SV$

2.7 $R \to SN$

2.8 $TV - Q \cdot TN \to R$

2.9 $TN \to TV$

2.10 $R \to TN$

3. stampare XV, SV, TV

4. fine.

I valori finali delle variabili XV, SV, TV sono nell'ordine $d = \text{MCD}(n, m)$, s e t.

In *Derive* e nei sistemi *Mathematica* e Maple è direttamente implementata la funzione che, data in ingresso la coppia (n, m), fornisce in uscita la terna $d = \text{MCD}(n, m), s, t$; i nomi sono, nell'ordine, EXTENDED_GCD(n,m), ExtendedGCD[n,m] e igcdex(n,m,'s','t').

La (12) viene spesso citata come *identità di Bézout*, in onore del matematico francese Étienne Bézout (1730-1783)

Consideriamo l'insieme costituito da tutte le combinazioni lineari a coefficienti interi della coppia n, m:

$$I(n, m) := \{ xn + ym \mid x, y \in \mathbb{Z} \};$$

L'algoritmo 1.12 mostra che $d = \text{MCD}(n, m) \in I(n, m)$ e dunque ogni multiplo intero di d è ancora un elemento di $I(n, m)$: se $d = sn + tm$, per due interi opportuni s e t, allora $k \, d = k s \, n + k t \, m \in I(n, m)$ per ogni $k \in \mathbb{Z}$.

Inversamente, ogni elemento di $I(n, m)$ è multiplo di d, e dunque d è il più piccolo numero positivo contenuto in $I(n, m)$: infatti, per ogni coppia di interi x e y, si ha

$$(d|n \wedge d|m) \implies d|(xn + ym).$$

Se ne conclude che $I(n, m)$ coincide con l'insieme $d \mathbb{Z}$ dei multipli interi di d:

$$\{\, xn + ym \mid x, y \in \mathbb{Z} \,\} = d\mathbb{Z} := \{\, kd \mid k \in \mathbb{Z} \,\}, \ d = \mathrm{MCD}(n, m). \qquad (14)$$

Si osservi che, per $n = m = 0$, i due membri della (14) si riducono al singoletto $\{0\}$.

Il risultato ottenuto consente di studiare le cosiddette *equazioni diofantee* (dal nome del matematico greco alessandrino Diofanto, 3° secolo d.C.). Siano dati i numeri a, b e c, con $a, b \in \mathbb{N}^*$, $c \in \mathbb{Z}$; si cercano le (eventuali) soluzioni intere dell'equazione

$$ax + by = c. \qquad (15).$$

Dalla discussione precedente segue subito il

Teorema 1.1. Condizione necessaria e sufficiente affinché l'equazione (15) ammetta soluzioni intere è che c sia multiplo del massimo comune divisore della coppia (a, b): $d|c$, dove $d = \mathrm{MCD}(a, b)$.

In particolare, se a e b sono primi tra loro, l'equazione scritta ammette soluzioni intere per ogni c intero. Se $c = kd$, e $as + bt = d$, dove gli interi s e t possono essere determinati con l'algoritmo 1.12, allora $aks + bkt = kd = c$, cioè la coppia $(x, y) := (ks, kt)$ è una soluzione dell'equazione data.

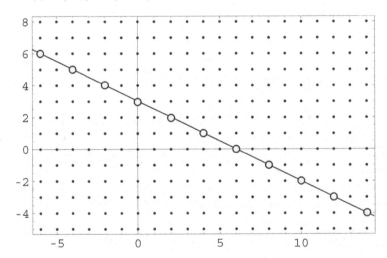

Figura 1.7 La ricerca delle soluzioni intere dell'equazione $ax + by = c$ equivale alla ricerca degli (eventuali) punti a coordinate entrambe intere sulla retta che incontra gli assi nei punti $(c/a, 0)$ e $(0, c/b)$. In figura è rappresentata la retta di equazione $x + 2y = 6$.

Sia (x_0, y_0) una soluzione particolare dell'equazione (15), cioè sia

$$ax_0 + by_0 = c,$$

dove si suppone soddisfatta la condizione $d|c$. Vogliamo caratterizzare tutte le soluzioni dell'equazione allo studio.

Sia $a = a'd$, $b = b'd$, dunque $\mathrm{MCD}(a', b') = 1$. Sia $(x, y) \in \mathbb{Z} \times \mathbb{Z}$ una soluzione dell'equazione considerata

$$ax + by = c.$$

Sottraendo membro a membro dall'uguaglianza precedente si ha

$$a(x - x_0) + b(y - y_0) = [a'(x - x_0) + b'(y - y_0)]\, d = 0;$$

eliminando il fattore d si ottiene

$$a'(x - x_0) + b'(y - y_0) = 0 \quad \Longrightarrow \quad a'(x - x_0) = -b'(y - y_0).$$

L'ultima uguaglianza mostra che b' divide $a'(x - x_0)$: poiché b' è primo rispetto ad a', ne segue (v. esercizio 1.7) che b' divide $x - x_0$, cioè esiste $t \in \mathbb{Z}$ tale che $b't = x - x_0$. Sostituendo nell'uguaglianza scritta si ottiene

$$a'b't = -b'(y - y_0) \quad \Longrightarrow \quad a't = -(y - y_0),$$

cioè in definitiva

$$x = x_0 + t\, b', \quad y = y_0 - t\, a'. \tag{15}$$

Mostriamo, inversamente, che per ogni $t \in \mathbb{Z}$, la coppia (x, y) data dalle uguaglianze appena scritte fornisce una soluzione dell'equazione cercata. Si ha

$$ax + by = a(x_0 + tb') + b(y_0 - ta') = ax_0 + by_0 + t(ab' - a'b) = c,$$

in quanto, da $a = a'd$, $b = b'd$, segue

$$ab' - a'b = a'b'd - a'b'd = 0.$$

Riassumendo: se (x_0, y_0) è una soluzione particolare dell'equazione $ax + by = c$, dove si suppone soddisfatta la condizione $c|d$, d essendo il massimo comune divisore di a e b, allora tutte e sole le soluzioni $(x, y) \in \mathbb{Z} \times \mathbb{Z}$ dell'equazione considerata sono date dalle formule (15), dove s'intende che sia $a = a'd$, $b = b'd$.

ESERCIZI

1.1 Per ogni $n \in \mathbb{Z}$, $m \in \mathbb{N}^*$ dimostrare l'unicità degli interi q e r tali che $n = qm + r$, $0 \le r < m$.
(SUGGERIMENTO. Sia $n = qm + r = q'm + r'$; si ha allora $(q - q')m = r - r'$, da cui, prendendo i valori assoluti di entrambi i membri ...)

1.2 Dimostrare, ragionando per induzione rispetto ad $n \in \mathbb{N}$, l'esistenza dei numeri q e r tali che $n = qm + r$, $0 \le r < m$. (SUGGERIMENTO. Per $n = 0$ basta porre $q := 0$, $r := m$. Sia $n - 1 = q'm + r'$, $0 \le r' < m$; allora $n = q'm + r' + 1$. Distinguere il caso $r' + 1 < m$ dal caso $r' + 1 = m$.)

1.3 L'algoritmo 1.4 fornisce una definizione costruttiva della funzione

$$(n, m) \mapsto (n \text{ div } m, \ n \text{ mod } m)$$

definita sull'insieme $\mathbb{Z} \times \mathbb{N}^*$ a valori in $\mathbb{Z} \times \mathbb{N}$; verificare che tale funzione è suriettiva ma non iniettiva.

1.4 Si verifichi che l'algoritmo della "moltiplicazione egiziana" può essere formulato nel modo seguente:

ALGORITMO 1.13 - Moltiplicazione tra numeri naturali (terza versione).

Dati $n, m \in \mathbb{N}$, si calcola $p := nm$.

0. $n \to N, m \to M$

1. $0 \to P$

2. finché $N > 0$, ripetere:

2.1 se $N \bmod 2 > 0$, allora:

2.1.1 $P + M \to P$

2.2 $N \operatorname{div} 2 \to N$

2.1 $2M \to M$

3. stampare P

4. fine.

(SUGGERIMENTO. Se N è dispari, le due istruzioni $N - 1 \to N$, $N \operatorname{div} 2 \to N$ equivalgono alla singola istruzione ...)

1.5 Il calcolo della potenza x^n, $n \in \mathbb{N}$, è particolarmente agevole se n è una potenza di 2, $n = 2^k$, con k naturale. Verificare la correttezza del seguente algoritmo che calcola x^n nel registro Z eseguendo k moltiplicazioni:

0. $x \to Z, k \to W$

1. finché $W > 0$, ripetere:

1.1 $Z \cdot Z \to Z$

1.2 $W - 1 \to W$

2. stampare Z

3. fine.

Se n non è una potenza di 2, x^n può essere calcolato come prodotto di potenze di x con esponenti che sono potenze di 2. Alcuni esempi (a lato di ciascuno è mostrata la rappresentazione binaria dell'esponente):

$$x^3 = x^2 x^1, \qquad 3 = (11)_2$$
$$x^5 = x^4 x^1, \qquad 5 = (101)_2$$
$$x^6 = x^4 x^2, \qquad 6 = (110)_2$$
$$x^9 = x^8 x^1, \qquad 9 = (1001)_2.$$

Verificare che x^n è uguale al prodotto delle potenze di x di esponente 2^{i-1}, dove la i-esima cifra (da destra) della rappresentazione binaria di n è uguale a 1.

1.6 L'algoritmo seguente per il calcolo di una potenza ad esponente naturale utilizza il risultato del precedente esercizio, nel senso che fa implicito uso della rappresentazione binaria dell'esponente.

ALGORITMO 1.14 - Potenza con esponente naturale.

Dato il numero x e l'esponente naturale n, si calcola x^n.

0. $x \to X, n \to N$
1. $1 \to Z$
2. finché $N > 0$, ripetere:
2.1 se $N \bmod 2 > 0$, allora:
2.1.1 $N - 1 \to N$
2.1.2 $Z \cdot X \to Z$
2.2 $N \operatorname{div} 2 \to N$
2.3 $X \cdot X \to X$
3. stampare Z
4. fine.

Si tenga presente che il prodotto $Z \cdot X^N$ è invariante rispetto alle trasformazioni

i) $N - 1 \to N, \quad Z \cdot X \to Z$

ii) $N \operatorname{div} 2 \to N, \quad X \cdot X \to X$

la seconda valida se N è pari (se N è dispari, esso diventa pari dopo la prima trasformazione). Poiché il valore iniziale dell'invariante è x^n, e il valore finale di N è 0, ne segue che il valore finale di Z è x^n. Si verifichi che l'istruzione 2.1.1 può essere soppressa.

1.7 Siano $a, b, c \in \mathbb{N}^*$, con a primo rispetto a b; dimostrare che

i) $a|bc \implies a|c$;   ii) $(a|c \wedge b|c) \implies ab|c$.

(SUGGERIMENTO. Per ipotesi, esistono $x, y \in \mathbb{Z}$ tali che $ax + by = 1$; moltiplicando per c ...)

1.8 Si deduca dal precedente esercizio che se il numero primo p divide bc, allora p divide b oppure p divide c. Si ricordi che un numero naturale ≥ 2 è *primo* se non ha divisori positivi oltre l'unità e se stesso.

1.9 Siano n e m due numeri naturali consecutivi, cioè sia $n = m + 1$; dimostrare che $\operatorname{MCD}(n, m) = 1$.

1.10 La successione F_n dei *numeri di Fibonacci*, così chiamati dal nome del matematico Leonardo da Pisa (c. 1170 - c. 1240), detto Fibonacci, cioè figlio di Bonaccio, è definita ricorsivamente ponendo

$$F_0 := 0, \quad F_1 := 1, \quad F_{n+2} := F_n + F_{n+1}, \, n \in \mathbb{N}$$

Si verifichi che $\mathrm{MCD}(F_n, F_{n+1}) = 1$ per ogni naturale n. Si verifichi inoltre che la lunghezza dell'algoritmo euclideo applicato alla coppia (F_n, F_{n+1}) è $n - 1$.

(SUGGERIMENTO. Si riveda la figura 1.4 relativa alla coppia (F_6, F_7).)

1.11 Verificare che l'algoritmo seguente non è altro che l'algoritmo 1.9 con la divisione eseguita secondo la versione contenuta nell'algoritmo 1.2.

ALGORITMO 1.15 - Massimo comune divisore tra due numeri interi positivi (terza versione).

Dati $n, m \in \mathbb{N}^*$, si calcola il loro massimo comuine divisore

   0. $n \to X, \, m \to Y$

   1.   finché $X \neq Y$, ripetere:

   1.1 se $X > Y$,

        allora:

   1.1.1 $X - Y \to X$

        altrimenti:

   1.1.2 $Y - X \to Y$

   2.   stampare X

   3.   fine.

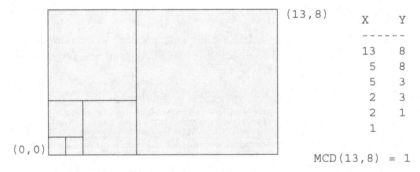

Figura 1.8 A partire dal rettangolo $[0, n] \times [0, m]$, se già non è $n = m$, togliamo il più grande quadrato in esso contenuto avente un vertice nel punto (n, m). Si ottiene un rettangolo avente come vertice opposto all'origine il punto di coordinate $(n - m, m)$ se $n > m$, di coordinate $(m, m - n)$ in caso contrario. Se il rettangolo ottenuto è un quadrato, la lunghezza dei suoi lati fornisce $\mathrm{MCD}(n, m)$; altrimenti si procede in modo analogo a quello visto sul rettangolo iniziale fino ad ottenere un quadrato i cui lati forniscono il MCD cercato. In figura $n = 13$, $m = 8$.

Ricordiamo che due numeri naturali n e m sono *primi tra loro* quando il loro massimo comune divisore vale 1: $\mathrm{MCD}(n, m) = 1$. Si confronti l'algoritmo precedente con la Proposizione 1 del Libro VII degli *Elementi* di Euclide, che di seguito riportiamo:

"Si prendano due numeri disuguali e si proceda [a sottrazioni successive] togliendo di volta in volta il minore dal maggiore [la differenza dal minore e così via]; se il numero che [ogni volta] rimane non divide mai quello immediatamente precedente, finché rimanga soltanto l'unità, i numeri dati all'inizio saranno primi tra loro ".

[Cfr. *Gli Elementi di Euclide*, a cura di A. Frajese e L. Maccioni, UTET (Torino), 1970, p. 435]

1.12 Si verifichi che, per $n, m \in \mathbb{N}^+$, si ha
$$\text{MCD}(n, m) = \begin{cases} n, & \text{se } n = m, \\ \text{MCD}(n - m, m), & \text{se } n > m, \\ \text{MCD}(n, m - n), & \text{se } n < m. \end{cases}$$

1.13 Siano $n, m, k \in \mathbb{N}^*$; si dimostrino le seguenti proprietà del massimo comune divisore:

$i)$ $\text{MCD}(n, m) = \text{MCD}(m, n)$;

$ii)$ $\text{MCD}(kn, km) = k \, \text{MCD}(n, m)$;

$iii)$ $\text{MCD}(n, k) = 1 \implies \text{MCD}(n, km) = \text{MCD}(n, m)$.

1.14 Si dimostri che condizione sufficiente (oltre che necessaria) affinché gli interi positivi n e m siano primi tra loro (cioè $\text{MCD}(n, m) = 1$) è che esistano due interi s e t tali che $sn + tm = 1$.

1.15 Dati $n_0, n_1 \in \mathbb{N}^*$, abbiamo posto $s_0 = t_1 := 1$, $s_1 = t_0 := 0$, e successivamente
$$n_{i+1} := n_{i-1} - q_i n_i, \quad \text{con } q_i := n_{i-1} \text{ div } n_i,$$
$$s_{i+1} := s_{i-1} - q_i s_i, \quad t_{i+1} := t_{i-1} - q_i t_i, \quad , \; i = 1, 2, \ldots, k,$$
dove k è il minimo indice per cui $n_{k+1} = 0$; ricordiamo (cfr. algoritmo 1.12) che
$$n_k = s_k \, n_0 + t_k \, n_1 = \text{MCD}(n_0, n_1).$$
Tenendo presente che $q_i \geq 1$, dimostrare che
$$(i \text{ pari}) \implies (s_i \geq 0 \wedge t_i \leq 0), \quad (i \text{ dispari}) \implies (s_i \leq 0 \wedge t_i \geq 0).$$
Se ne deduca che, per $i \geq 1$,
$$|s_{i+1}| = |s_{i-1}| + |q_i||s_i|, \quad |t_{i+1}| = |t_{i-1}| + |q_i||t_i|,$$
da cui, in particolare, $|s_i| \leq |s_{i+1}|$, $|t_i| \leq |t_{i+1}|$.

1.16 Con i simboli dell'algoritmo 1.12 si dimostri che le relazioni

$$\text{MCD}(XV, XN) = \text{MCD}(n, m),$$
$$XV = SV \cdot n + TV \cdot m,$$
$$XN = SN \cdot n + TN \cdot m$$

si mantengono invarianti nel corso dell'algoritmo stesso. Se ne deduca la correttezza dell'algoritmo, tenendo conto del fatto che, al termine di esso, si ha $XN = 0$. (SUGGERIMENTO. Si sottragga dalla seconda relazione la terza moltiplicata per Q.)

1.17 Scopo di questo esercizio è una maggiorazione per i valori assoluti dei coefficienti s_i e t_i calcolati dall'algoritmo euclideo (si veda il precedente esercizio). Si dimostri innanzitutto che

i) se $a, b, x, y \in \mathbb{Z}^*$, $\text{MCD}(a, b) = \text{MCD}(x, y) = 1$, allora

$$(ax = by) \implies (a = \pm y, \ b = \pm x);$$

ii) posto $\alpha_i := t_{i+1} s_i - s_{i+1} t_i$, si ha $\alpha_{i+1} = -\alpha_i$, dunque $|\alpha_i| = 1$ per ogni i, e pertanto (cfr. esercizio 1.14) $\text{MCD}(s_i, y_i) = 1$ per $i = 0, 1, \ldots, k+1$;

iii) da $0 = n_{k+1} = s_{k+1} n_0 + t_{k+1} n_1$ dedurre $s_{k+1}(n_0/n_k) = -t_{k+1}(n_1/n_k)$ e quindi, in base a quanto dimostrato al punto i),

$$s_{k+1} = \pm(n_1/n_k), \quad t_{k+1} = \pm(n_0/n_k).$$

Se ne concluda, in base all'esercizio 1.15,

$$|s_i| \le n_1/n_k, \quad |t_i| \le n_0/n_k, \quad i = 0, 1, \ldots, k.$$

1.18 Per ogni coppia di numeri naturali n e m, non entrambi nulli, si verifichi l'uguaglianza

$$\text{MCD}(n, m) = \min\{I(n, m) \cap \mathbb{N}^*\}.$$

1.19 Risolvere le equazioni diofantee $3x - 4y = 5$; $2x + 6y = 10$; $2x + 3y = -7$.

1.20 Il minimo comune multiplo degli interi positivi n e m è il numero $r \in \mathbb{N}^*$ definito in base alle proprietà

    i) $n|r$, $m|r$; $\forall s(n|s \wedge m|s) \implies r|s$.

Posto $\text{mcm}(n, m) := r$, verificare le seguenti proprietà del minimo comune multiplo (cfr. esercizio 1.7)

    a) $\text{mcm}(n, n) = n$;

    b) $\text{MCD}(n, m) = 1 \implies \text{mcm}(n, m) = nm$;

    c) $\text{mcm}(kn, km) = k\,\text{mcm}(n, m)$, $k \in \mathbb{N}^*$.

Dedurre da b) e c) che

$$\text{MCD}(n, m) \cdot \text{mcm}(n, m) = nm.$$

Dunque, una volta calcolato $d := \text{MCD}(n, m)$, il minimo comune multiplo r può essere calcolato come nm/d.

1.21 Si dimostri la correttezza del seguente algoritmo che calcola "in parallelo" il MCD e il mcm di due interi positivi:

ALGORITMO 1.16 - Calcolo del massimo comune divisore e del minimo comune multiplo di due interi positivi.

Dati $n, m \in \mathbb{N}^*$, se ne calcolano il MCD e il mcm.

   0. $n \to X,\ m \to Y$

   1. $X \to U,\ Y \to V$

   2.   finché $X \neq Y$, ripetere:

   2.1   se $X < Y$,

           allora:

   2.1.1 $Y - X \to Y$

   2.1.2 $U + V \to V$

           altrimenti:

   2.1.3 $X - Y \to X$

   2.1.4 $U + V \to U$

   3.   stampare $(X + Y)/2,\ (U + V)/2$

   4.   fine

Si osservi che, una volta usciti dal blocco di istruzioni contenuto al passo 2, si ha $X = Y$, dunque l'istruzione contenuta al passo 3 si potrebbe scrivere "stampare X", oppure "stampare Y", in luogo di "stampare $(X + Y)/2$".

(SUGGERIMENTO. Si osservi che le istruzioni contenute al passo 2 mantengono la positività delle variabili X e Y e l'invarianza dell'espressione $X \cdot V + Y \cdot U$; poiché tale espressione vale $2nm$, una volta effettuata l'inizializzazione di tutte le variabili in gioco, ...)

2
Aritmetica modulare

Nel capitolo precedente abbiamo visto come eseguire la divisione del numero intero n per il numero intero $m > 0$; si ha la decomposizione

$$n = qm + r, \quad 0 \leq r < m,$$

dove gli interi q e r sono univocamente determinati (cfr. esercizio 1.1). Con i simboli del precedente capitolo (si veda la (6)), si ha

$$r = n \bmod m.$$

Il risultato ottenuto può essere riformulato utilizzando la nozione di *congruenza* tra numeri interi, oggetto di uno studio sistematico nelle *Disquisitiones Arithmeticæ* di Carl Friedrich Gauss (1801). Dato l'intero $m > 0$, due interi x e y si dicono *congrui* modulo m se la loro differenza è multipla di m:

$$x - y = qm, \quad q \in \mathbb{Z},$$

(cioè $x - y$ appartiene a $m\mathbb{Z}$, cfr. (15) del capitolo 1) e si scrive

$$x \equiv y \pmod{m}.$$

La formula scritta si legge "x è congruo a y modulo m", oppure semplicemente "x è congruo a y" se il modulo m è fissato una volta per tutte.

Si osservi che la congruenza modulo $-m$ non differisce dalla congruenza modulo m, ed è per questa ragione che, nel seguito, ci limiteremo a considerare moduli positivi.

Alcuni esempi:

$$4 \equiv 1 \pmod{3}, \quad -2 \equiv 3 \pmod{5}, \quad 1 \equiv 10 \pmod{9}, \quad 6 \equiv 0 \pmod{3}.$$

È facile verificare che la relazione di congruenza è *riflessiva* ($x \equiv x$), *simmetrica* (se $x \equiv y$, allora $y \equiv x$) e transitiva (se $x \equiv y$ e $y \equiv z$, allora $x \equiv z$). Si tratta dunque di una *relazione di equivalenza*: dato $x \in \mathbb{Z}$, la sua classe di equivalenza $[x]$ è costituita da tutti gli interi congrui ad x modulo m, cioè da tutti (e soltanto) i numeri del tipo $x + qm$, $q \in \mathbb{Z}$.

Il risultato ricordato all'inizio di questo capitolo può essere così parafrasato: per ogni intero x esiste un ben determinato numero naturale, compreso tra 0 e $m - 1$, congruo ad x modulo m. Infatti il numero $x - r = qm$ è un multiplo di m.

In termini equivalenti: ogni classe di equivalenza contiene uno ed un solo elemento dell'insieme dei resti

$$\{0, 1, \ldots, m - 1\};$$

si tratta del resto comune a tutti gli elementi della classe, una volta che su ciascuno di essi sia stata eseguita la divisione intera per m.

Si ha dunque

$$x \equiv y \pmod{m} \iff y - x \in m\mathbb{Z} \iff$$
$$\iff [x] = [y] \iff x \bmod m = y \bmod m. \tag{1}$$

L'insieme quoziente $\mathbb{Z}/m\mathbb{Z}$, che d'ora in poi indicheremo semplicemente con il simbolo $\mathbb{Z}_m$, contiene dunque esattamente m classi:

$$\mathbb{Z}_m = \{[0], [1] \ldots, [m - 1]\}.$$

L'insieme $\mathbb{Z}$ degli interi possiede una struttura di anello commutativo (con unità) sintetizzata dalla Tabella 1.1 del capitolo precedente; vogliamo trasportare tale struttura da $\mathbb{Z}$ a $\mathbb{Z}_m$, $m \geq 2$. Osserviamo innanzitutto che le operazioni in $\mathbb{Z}$ sono compatibili con la congruenza modulo m, nel senso che

$$(x \equiv x' \wedge y \equiv y') \implies (x + y \equiv x' + y' \wedge xy \equiv x'y'). \tag{2}$$

Infatti da $x' = x + qm$, $y' = y + sm$, $q, s \in \mathbb{Z}$, segue

$$x' + y' = x + y + (q + s)\, m, \quad x'y' = xy + (xs + yq + qsm)\, m.$$

Possiamo dunque definire le operazioni di addizione e moltiplicazione in $\mathbb{Z}_m$ ponendo

$$[x] + [y] := [x + y], \quad [x][y] := [xy]; \tag{3}$$

tali definizioni sono ben poste, nel senso che le classi a secondo membro sono indipendenti dagli elementi scelti a rappresentare le classi di cui vogliamo definire la somma e il prodotto.

Di seguito mostriamo le tavole che illustrano le operazioni per $m = 2$, $m = 3$ e $m = 4$. Abbiamo identificato ciascuna classe con il resto corrispondente, evitando così l'uso di parentesi quadre.

$m = 2$

+	0	1
0	0	1
1	1	0

×	0	1
0	0	0
1	0	1

$m = 3$

+	0	1	2
0	0	1	2
1	1	2	0
2	2	0	1

×	0	1	2
0	0	0	0
1	0	1	2
2	0	2	1

$m = 4$

+	0	1	2	3
0	0	1	2	3
1	1	2	3	0
2	2	3	0	1
3	3	0	1	2

×	0	1	2	3
0	0	0	0	0
1	0	1	2	3
2	0	2	0	2
3	0	3	2	1

Così strutturato $\mathbb{Z}_m$ (o, se si vuole, l'insieme dei resti) diventa un anello commutativo con unità: gli elementi neutri sono la classe [0] costituita dai multipli interi del modulo, e la classe [1] costituita dai numeri che si ottengono da quelli della classe precedente sommando a ciascuno un'unità. L'applicazione $n \mapsto [n]$ è un omomorfismo dell'anello $\mathbb{Z}$ sull'anello $\mathbb{Z}_m$.

Gli anelli commutativi in cui tutti gli elementi diversi da zero, cioè diversi dal neutro additivo, sono dotati di reciproco vengono detti *corpi commutativi* o semplicemente *campi*.

Ci si chiede se $\mathbb{Z}_m$ è un campo, cioè ogni suo elemento diverso da [0] è dotato di reciproco. Uno sguardo alle tabelle precedenti mostra che $\mathbb{Z}_2$ e $\mathbb{Z}_3$ sono campi, mentre $\mathbb{Z}_4$ non è un campo: non esiste alcun elemento di $\mathbb{Z}_4$ che moltiplicato per [2] dia come risultato [1].

Il fatto che 2 sia un divisore del modulo, $4 = 2 \cdot 2$, ci fornisce l'indizio per un risultato generale. Ricordiamo che un intero $p \geq 2$ si dice *primo* se e solo se esso non ha divisori positivi diversi dall'unità e se stesso. Ciò posto, sussiste il seguente

Teorema 2.1. $\mathbb{Z}_m$ è un campo se e soltanto se m è primo.

DIMOSTRAZIONE. Supponiamo che m non sia primo, $m = pq$, $p > 1$, $q > 1$. Allora $[p][q] = [0]$; ne segue che né p né q sono invertibili. Infatti se esistesse, ad esempio, un elemento $[s]$ tale che $[p][s] = [1]$, avremmo, moltiplicando per $[q]$,

$$[p][s][q] = [1][q] = [q].$$

Ma $[p][q] = [0]$, quindi

$$[q] = [p][s][q] = [p][q][s] = [0][s] = [0],$$

cioè q sarebbe un multiplo di m, contro l'ipotesi.

Supponiamo, inversamente, che m sia primo. Allora ciascuno dei numeri $1, 2, \ldots, m - 1$ è primo rispetto a m; se n sta ad indicare uno di tali numeri si ha $\mathrm{MCD}(n, m) = 1$. In base all'algoritmo 1.12 esistono due interi s e t tali che

$$1 = sn + tm \iff sn \equiv 1 \pmod{m}. \qquad \triangleleft\square$$

Riassumendo: non solo abbiamo dimostrato il Teorema enunciato, ma abbiamo indicato un algoritmo per il calcolo di $[n]^{-1}$ (reciproco di $[n]$) se

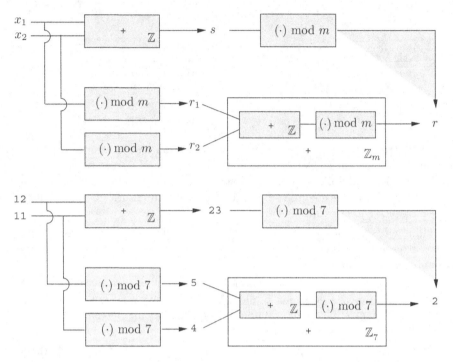

Figura 2.1 Se ciascuna classe $[x]$ di Z_m viene indentificata con il resto comune a tutti i suoi elementi, l'omomorfismo $x \mapsto [x]$ di $\mathbb{Z}$ su $\mathbb{Z}_m$ può essere rappresentato nella forma

$$x \mapsto r(x) := \min\{[x] \cap \mathbb{N}\}.$$

Il diagramma in figura è commutativo, nel senso che si perviene allo stesso resto se si sommano due interi e poi si prende il resto della somma, oppure si prendono prima i resti dei due addendi e questi ultimi vengono sommati (in $\mathbb{Z}_m$).

Analogo risultato se in luogo dell'addizione si considera la moltiplicazione. Nella parte inferiore della figura viene mostrato un esempio numerico relativo a $\mathbb{Z}_7$.

$n \neq 0$ è primo rispetto a m. Dunque, per ogni $m > 1$, sono invertibili in $\mathbb{Z}_m$ tutti e solo gli elementi $[n]$ con n primo rispetto a m.

Da un punto di vista computazionale, dato $m > 1$ e n compreso tra 1 e $m - 1$, si tratta di calcolare l'intero s, se esiste, compreso tra gli stessi limiti e tale che sia $s\,n \equiv 1 \pmod{m}$.

Sopprimendo dall'algoritmo 1.12 le istruzioni superflue si perviene al seguente

ALGORITMO 2.1 - Ricerca del reciproco di $[n]$ in $\mathbb{Z}_m$, con $0 < n < m$.

Dati i numeri naturali n e m con $0 < n < m$, si calcola, se esiste, un intero s, $0 < s < m$, tale che $s\,n \equiv 1 \pmod{m}$

  0. $n \to XV,\ m \to XN$

  1. $1 \to SV,\ 0 \to SN,\ m \to M$

  2.   finché $XN > 0$, ripetere:

  2.1 XV div $XN \to Q$

  2.2 XV mod $XN \to R$

  2.3 $XN \to XV$

  2.4 $R \to XN$

  2.5 $SV - Q \cdot SN \to R$

  2.6 $SN \to SV$

  2.7 $R \to SN$

  3.   se $XV = 1$, allora: stampare SV mod M,

                 altrimenti: stampare "elemento non invertibile"

  4.   fine.

L'algoritmo precedente non richiede, in realtà, che n sia inferiore a m; per ogni intero positivo n esso calcola $d = \mathrm{MCD}(n, m)$ come valore finale della variabile XV, ed un intero s (come valore finale della variabile SV) tale che $s \equiv d \pmod{m}$.

Se $d = 1$, cioè n è primo rispetto a m, l'istruzione 3 dell'algoritmo provvede a calcolare, nell'intervallo di estremi 1 e $m - 1$, un numero congruo a s.

I sistemi *Derive*, Maple e *Mathematica* dispongono di funzioni per il calcolo del reciproco di n modulo m (se esiste): i nomi sono, nell'ordine INVERSE_MOD(n,m), modp(1/n,m), PowerMod[n,-1,m].

Se m è primo, $m = p$, un approccio alternativo al problema precedente può essere basato sul seguente risultato di Pierre de Fermat (1601-1665):

Teorema 2.2. Se p è primo, allora $n^p \equiv n \pmod{p}$ per ogni naturale n.

Se n è multiplo di p, dunque $n \equiv 0 \pmod{p}$, allora il risultato è ovvio in quanto $n^p \equiv 0 \equiv n$. Per una traccia di dimostrazione nel caso generale, rimandiamo all'esercizio 2.3 al termine del capitolo.

Il risultato precedente si scrive anche

$$[n^p] = [n][n^{p-1}] = [n];$$

se $1 < n < p$, n è primo rispetto a p, dunque un elemento invertibile di $\mathbb{Z}_p$. In virtù della legge di cancellazione (cfr. esercizio 2.1) si ha

$$[n^{p-1}] = [1] \iff n^{p-1} = n \cdot n^{p-2} \equiv 1 \pmod{p},$$

cioè $[n^{p-2}]$ è il reciproco di $[n]$. Abbiamo dunque il seguente

ALGORITMO 2.2 - Calcolo del reciproco di $[n]$ nel campo $\mathbb{Z}_p$, con p primo, n positivo minore di n (prima versione).

Dato il numero primo p e l'intero n con $0 < n < p$, si calcola $[n^{p-1}]$ nel campo $\mathbb{Z}_p$.

    0. $n \to N$, $p \to P$

    1. $1 \to X$, $P - 2 \to W$

    2.   finché $W > 0$, ripetere:

    2.1 $X \cdot N \to X$

    2.2 $W - 1 \to W$

    3.   stampare $X \bmod P$

    4.   fine.

Si osservi che l'algoritmo scritto non verifica che p è primo; esso calcola n^{p-2} e poi il resto della divisione di tale potenza per p. Per evitare il calcolo di interi troppo grandi, si possono sostituire le potenze di n via via calcolate con i rispettivi resti modulo p; infatti da (1) e (2) segue, per ogni $x, y \in \mathbb{Z}$ e per ogni $m > 0$,

$$(xy) \bmod m = \big((x \bmod m) \cdot (y \bmod m)\big) \bmod m.$$

Abbiamo dunque il seguente

ALGORITMO 2.3 - Calcolo del reciproco di $[n]$ nel campo $\mathbb{Z}_p$, con p primo, n positivo minore di n (seconda versione).

Dato il numero primo p e l'intero n con $0 < n < p$, si calcola $[n^{p-2}]$ nel campo $\mathbb{Z}_p$.

    0. $n \to N$, $p \to P$

    1. $1 \to X$, $P - 2 \to W$

    2.   finché $W > 0$, ripetere:

    2.1 $X \cdot N \to X$

    2.2 $X \bmod P \to X$

    2.3 $W - 1 \to W$

    3.   stampare X

    4.   fine.

Come abbiamo ricordato poco sopra, per calcolare il resto modulo m di una somma o di un prodotto è sufficiente considerare i resti dei due operandi, farne la somma o il prodotto in $\mathbb{Z}$, e se tale quantità è maggiore o uguale m, prendere nuovamente il resto della divisione di quest'ultima per m. In particolare il resto di una potenza può essere calcolato mediante la formula

$$x^n \bmod m = (x \bmod m)^n \bmod m, \tag{4}$$

Ad esempio, poiché 10 mod 9 = 1, si trova, per ogni naturale n,

$$10^n \bmod 9 = 1.$$

Sia n un numero naturale assegnato mediante la sua rappresentazione decimale

$$n = (a_k \, a_{k-1} \ldots a_1 \, a_0)_{10} = a_k \, 10^k + a_{k-1} \, 10^{k-1} + \ldots + a_1 \, 10 + a_0;$$

allora

$$n \bmod 9 = (a_k + a_{k-1} + \ldots + a_1 + a_0) \bmod 9;$$

il resto delle divisione di n per 9 coincide con il resto analogo relativo al numero

$$n_1 := a_k + a_{k-1} + \ldots + a_1 + a_0 < n \tag{5}$$

ottenuto sommando le cifre della rappresentazione decimale di n.

Iterando un numero finito di volte la formula (5) si perviene ad un numero minore di 10, dunque rappresentato da una sola cifra decimale; tale numero è senz'altro il resto cercato se minore di 9, mentre dà luogo al resto 0 se uguale a 9.

Ad esempio

$$1752 \bmod 9 = (1+7+5+2) \bmod 9 = 15 \bmod 9 = (1+5) = 6 \bmod 9 = 6.$$

Tutto ciò è alla base della cosiddetta "prova del nove" per la verifica della correttezza di un'operazione eseguita su operandi rappresentati nella base dieci. Ad esempio, per verificare che sussiste l'uguaglianza

$$q = nm$$

è necessario, *ma non sufficiente*, che risulti

$$q \bmod 9 = ((n \bmod 9) \cdot (m \bmod 9)) \bmod 9,$$

dove tutti i resti considerati possono essere calcolati mediante l'algoritmo appena descritto.

In termini astratti: affinché due numeri siano uguali è necessario, ma non sufficiente, che le rispettive immagini tramite l'omomorfismo $x \mapsto [x]$, di $\mathbb{Z}$ su $\mathbb{Z}_9$, siano uguali tra loro.

Una tecnica analoga alla precedente può essere impiegata per verificare se un assegnato numero naturale n è (o non è) multiplo di m, cioè se $n \in [0]$ in $\mathbb{Z}_m$. Si tratta di un problema studiato in modo completo da Blaise Pascal (1623-1662) nel breve trattato *De numeris multiplicibus*, scritto intorno al 1654.

Fissato $m \geq 2$, consideriamo i resti della divisione per m delle potenze di dieci:

$$r_j := 10^j \bmod m;$$

allora se $n = a_k \, 10^k + a_{k-1} \, 10^{k-1} + \ldots + a_1 \, 10 + a_0$, si ha

$$n \bmod m = (a_k \, r_k + a_{k-1} \, r_{k-1} + \ldots + a_1 \, r_1 + a_0 \, r_0) \bmod m. \tag{6}$$

m	r_0	r_1	r_2	r_3	r_4	r_5
2	1	0	0	0	0	0
3	1	1	1	1	1	1
4	1	2	0	0	0	0
5	1	0	0	0	0	0
6	1	4	4	4	4	4
7	1	3	2	6	4	5
8	1	2	4	0	0	0
9	1	1	1	1	1	1
10	1	0	0	0	0	0
11	1	10	1	10	1	10

Tabella 2.1

Si osservi che i resti r_j possono essere calcolati una volta per tutte, per tutti i valori di j non superiori ad un massimo assegnato. La tabella 2.1 seguente mostra tutto ciò per m da 2 a 11 e j da 0 a 5.

Ad esempio, supponiamo di voler verificare la divisibilità per 7 di un numero n assegnato, limitandoci a considerare valori di $n \leq 100\,000$. I resti sono già forniti dalla tabella. Se, ad esempio, si considera il numero 1352, la (6) fornisce

$$1352 \bmod 7 = (1 \cdot 6 + 3 \cdot 2 + 5 \cdot 3 + 2 \cdot 1) \bmod 7 = 29 \bmod 7 = 1,$$

dunque il numero assegnato non è divisibile per 7.

Utilizzando la (6) in connessione con la tabella 2.1 è facile ritrovare i classici criteri di divisibilità per 2, 3, 5, 9 e 11 che spesso vengono insegnati, senz'alcuna giustificazione, nelle scuole secondarie (si vedano gli esercizi al termine del capitolo).

La discussione precedente mostra che la conoscenza del resto $n \bmod m$ ci dà alcune informazioni sull'intero n, ad esempio relativamente alla sua divisibilità per m. Ci si può porre il problema di sapere quali informazioni si possano trarre su n a partire dalla conoscenza di più resti, $n \bmod m_1$, $n \bmod m_2$, ..., $n \bmod m_k$, in particolare se n possa essere "ricostruito" a partire dalle sue immagini tramite gli omomorfismi

$$n \in \mathbb{Z} \mapsto [n] \in \mathbb{Z}_{m_j}, \quad \text{per } j = 1, 2, \ldots, k.$$

Fissiamo dunque in $\mathbb{Z}$ i moduli m_1, m_2, ..., m_k e studiamo la corrispondenza che ad ogni intero n associa la k-pla dei resti a cui dà luogo la divisione euclidea di n per i moduli considerati

$$n \mapsto (r_1, r_2, \ldots, r_k), \quad \text{con } r_j := n \bmod m_j, \text{ per } j = 1, 2, \ldots, k. \tag{7}$$

Può essere utile esaminare un caso semplice, ad esempio il caso $k = 3$, $m_1 = 2$, $m_2 = 3$, $m_3 = 5$. Abbiamo la situazione illustrata dalla Tabella 2.2. Chiaramente, a partire da $n = 0$, che genera la terna $(0,0,0)$, si ottiene nuovamente la stessa terna di resti nulli quando n è uguale al minimo comune multiplo dei moduli considerati, nel nostro caso $n = 30 = 2 \cdot 3 \cdot 5$. A partire da questo valore di n le terne di resti si ripetono ciclicamente, ed è inutile proseguire la tabella.

n	r_1	r_2	r_3		n	r_1	r_2	r_3
0	0	0	0		15	1	0	0
1	1	1	1		16	0	1	1
2	0	2	2		17	1	2	2
3	1	0	3		18	0	0	3
4	0	1	4		19	1	1	4
5	1	2	0		20	0	2	0
6	0	0	1		21	1	0	1
7	1	1	2		22	0	1	2
8	0	2	3		23	1	2	3
9	1	0	4		24	0	0	4
10	0	1	0		25	1	1	0
11	1	2	1		26	0	2	1
12	0	0	2		27	1	0	2
13	1	1	3		28	0	1	3
14	0	2	4		29	1	2	4

Tabella 2.2 Ad ogni n compreso tra 0 e 29 viene associata la terna dei resti della divisione di n per 2, 3 e 5.

In termini formali, se

$$m := \mathrm{mcm}(m_1, m_2, \ldots, m_k),$$

allora due interi congrui modulo m possiedono le medesima k-pla di resti.

Inversamente, se gli interi n' e n'' sono tali che

$$n' \equiv n'' \pmod{m_j}, \text{ per } j = 1, 2, \ldots, k$$

allora $n' - n'' \equiv 0 \pmod{m_j}$ per ogni j, cioè $n' - n''$ è multiplo di ciascun m_j e pertanto è multiplo di m.

Conclusione: se vogliamo individuare un numero intero a partire dai suoi resti, possiamo al massimo fare ciò per m interi consecutivi, diciamo gli interi compresi tra 0 e $m - 1$. Se i k moduli assegnati sono a due a due primi tra loro, come nell'esempio precedente, abbiamo

$$m := \mathrm{mcm}(m_1, m_2, \ldots, m_k) = m_1 \cdot m_2 \cdot \ldots \cdot m_k,$$

ed esattamente $m_1 \cdot m_2 \cdot \ldots \cdot m_k$ sono le possibili diverse k-ple di resti, tenendo conto del fatto che ciascun resto r_j può assumere m_j valori diversi.

La discussione precedente contiene una dimostrazione (anche se non costruttiva) del seguente

Teorema 2.3. Dati gli interi positivi $m_1, m_2, \ldots, m_k$, a due a due primi tra loro, per ogni scelta dei numeri naturali $r_1, r_2, \ldots, r_k$, con $0 \le r_j < m_j$ per ogni j, esiste uno ed un solo numero n, con $0 \le n < m := \prod_j m_j$, tale che

$$n \equiv r_j \pmod{m_j}, \quad j = 1, 2, \ldots, k.$$

Il problema dell'individuazione di un numero a partire dai resti a cui dà luogo la sua divisione per certi moduli assegnati era studiato già dai matematici cinesi di 2000 anni fa: per questo il risultato sopra enunciato va sotto il nome di *teorema cinese dei resti*.

Prima di passare ad una dimostrazione costruttiva del teorema, vediamo la soluzione di un caso particolare del problema che stiamo esaminando, proposto nel decimo capitolo (parte ottava) del *Liber Abaci* di Leonardo Fibonacci (cfr. esercizio 1.10). Si tratta di un testo la cui prima stesura risale al 1202: esso è molto importante in quanto ci consente di valutare il livello delle conoscenze matematiche raggiunto in Italia all'inizio del tredicesimo secolo, grazie ai contatti con la matematica araba e, tramite quest'ultima, con la matematica indiana.

Il problema è posto sotto forma di indovinello: una prima persona pensa un numero; una seconda persona, che si immagina sia il lettore, deve indovinarlo facendo opportune domande. Le domande sono: quali sono i resti della divisione del numero incognito per 3, per 5 e per 7?

Ed ecco la regola suggerita da Fibonacci, che riportiamo nel caratteristico latino medievale:

Dividat excogitatum numerum per 3, et per 5, et per 7; et vero semper interroga, quot ex unaquaque divisione superfuerit. Tu vero ex unaquaque unitate, que ex divisione ternarij superfuerit, retine 70; et pro unaquaque unitate que ex division quinarij superfuerit, retine 21; et pro unaquaque unitate que ex division septenarij superfuerit, retine 15. Et quotiens numerus super excreverit tibi ultra 105, eicias 105; et quot tibi remanserit, erit excogitatus numerus.

Verbi gratia: ponatur quod ex divisione ternarij remanenat 2; pro quibus retineas bis septuaginta, id est 140; da quibus tolle 105, remanebunt tibi 35. Et ex divisione quinarij remaneant 3; pro quibus retine ter 21, id est 63, que adde cum predictis 35, erunt 98. Et ex division septenarij remanent 4; pro quibus quater 15 retinebis, id est 60; que adde cum predictis 98, erunt 158; ex quibus eice 105, remanebunt 53; que erunt excogitatus numerus.

Tradotto in termini moderni: se $r_1 = 2$, $r_2 = 3$, $r_3 = 4$, allora si calcola

$$2 \cdot 70 + 3 \cdot 21 + 4 \cdot 15 = 263,$$

poi si divide per $105 = 3 \cdot 5 \cdot 7$, ottenendo il resto 53. Questo è il numero cercato.

In realtà Fibonacci suggerisce di sfruttare la congruenza modulo 105 non al termine della somma, ma non appena le somme parziali superano il modulo

105. Cioè $2 \cdot 70 = 140 = 35 \pmod{105}$; $35 + 3 \cdot 21 = 98$, $98 + 4 \cdot 15 \equiv 53 \pmod{105}$. Il risultato non cambia, per la compatibilità dell'addizione rispetto alla congruenza.

Restano da spiegare i tre fattori 70, 21 e 15. Fibonacci non scende in dettagli; poco oltre il passo citato afferma però che se i moduli fossero 5, 7 e 9, allora i fattori per cui moltiplicare i resti sarebbero, nell'ordine, 126, 225 e 280.

La spiegazione non è molto difficile: per il moduli 3, 5 e 7 abbiamo le terne di resti

$$70 \mapsto (1,0,0), \quad 21 \mapsto (0,1,0), \quad 15 \mapsto (0,0,1).$$

Analogamente, per i moduli 5, 7 e 9 abbiamo le terne

$$126 \mapsto (1,0,0), \quad 225 \mapsto (0,1,0), \quad 280 \mapsto (0,0,1).$$

Ce n'è abbastanza per passare alla dimostrazione costruttiva del teorema. L'unicità di n nell'intervallo $[0, m-1]$ è già stata dimostrata: occupiamoci dell'esistenza.

Supponiamo di essere in grado di trovare k numeri naturali M_1, M_2, ..., M_k tali che

$$M_j \mapsto (0, \ldots, 0, 1, 0, \ldots, 0), \quad j = 1, 2, \ldots k,$$

dove il resto uguale a 1 occupa la j-esima posizione. Utilizzando il cosiddetto *simbolo di Kronecker*, le condizioni poste di scrivono

$$M_j \equiv \delta_{ij} \pmod{m_i}, \quad i, j = 1, 2, \ldots, k.$$

Allora $r_j M_j \mapsto (0, \ldots, 0, r_j, 0, \ldots, 0)$, cioè

$$r_1 M_1 \mapsto (r_1, 0, \ldots, 0)$$
$$r_2 M_2 \mapsto (0, r_2, \ldots, 0)$$
$$\ldots\ldots\ldots\ldots\ldots\ldots$$
$$r_k M_k \mapsto (0, 0, \ldots, r_k).$$

Sommando gli addendi $r_j M_j$ si ottiene un numero x tale che

$$x := \sum_j r_j M_j \mapsto (r_1, r_2, \ldots, r_k),$$

cioè x è il numero cercato, se esso non supera M; in caso contrario basta sostituire x con $x \bmod m$.

Il problema è dunque quello di trovare i fattori M_j. Sia c_j il prodotto degli m_i con $i \neq j$:

$$c_j := m/m_j;$$

per ipotesi m_j è primo rispetto a ciascun m_i, dunque è primo rispetto al loro prodotto c_j. Esiste dunque un ben determinato d_j, con $0 < d_j < m_j$, tale che

$$d_j c_j \equiv 1 \pmod{m_j},$$

e l'algoritmo 2.1 ci insegna come calcolarlo.

A questo punto basta porre $M_j := d_j c_j$; infatti, essendo c_j multiplo di ogni m_i, con $i \neq j$, si ha evidentemente $M_j \equiv 0 \pmod{m_i}$, mentre per costruzione $M_j \equiv 1 \pmod{m_j}$. La dimostrazione è così completata.

Agli effetti della realizzazione di una procedura da utilizzare su un piccolo elaboratore è conveniente separare due fasi: nella prima si calcolano i fattori M_j a partire dai moduli m_j; nella seconda si calcola il numero x a partire dai resti r_j e dai fattori M_j. Per ogni scelta dei resti, fermi restando i moduli, soltanto la seconda fase deve essere ripetuta; si osservi che durante tale fase non si utilizzano più i singoli moduli m_j ma soltanto il loro prodotto m.

ALGORITMO 2.4 - Teorema cinese dei resti: calcolo dei fattori M_j corrispondenti ai resti m_j.

I registri $M(1), M(2), \ldots, M(k)$, $k \geq 2$, contengono inizialmente i moduli $m(1), m(2), \ldots, m(k)$, a due a due primi tra loro; al termine dell'algoritmo gli stessi registri contengono i fattori $M_1, M_2, \ldots, M_k$ tali che

$$M_j \equiv \delta_{ij} \pmod{m_i}, \quad i, j = 1, 2, \ldots, k.$$

0. $k \to K$, $1 \to M$
1. per $J = 1, 2, \ldots, K$, ripetere:
1.1 $M \cdot M(J) \to M$
2. per $J = 1, 2, \ldots, K$, ripetere:
2.1 $M(J) \to XN$
2.2 $M/M(J) \to XV$
2.3 $XV \to C$
2.4 $1 \to SV$
2.5 $0 \to SN$
2.6   finché $XN > 0$, ripetere:
2.6.1 XV div $XN \to Q$
2.6.2 XV mod $XN \to R$
2.6.3 $XN \to XV$
2.6.4 $R \to XN$
2.6.5 $SV - Q \cdot SN \to R$
2.6.6 $SN \to SV$
2.6.7 $R \to SN$
2.7   se $XV = 1$,
          allora:
2.7.1 $C \cdot SV$ mod $M(J) \to M(J)$
2.7.2   stampare $M(J)$
          altrimenti:

2.7.3   stampare "errore nei dati in ingresso"

3. fine.

La istruzioni 2.1 e 2.2 assegnano alle variabili XN e XV rispettivamente i valori m_j e c_j; dopodiché il blocco di istruzioni 2.6 calcola, come valore finale della variabile SV, un intero positivo che è un inverso di c_j modulo m_j.

La seconda fase a cui sopra accennavamo è immediata: si tratta di calcolare la somma $\sum_j c_j M_j$ e poi di prenderne il resto modulo m. Se c'è il rischio che tale somma oltrepassi le capacità del calcolatore, è preferibile sfruttare la congruenza modulo m per ciascuna delle somme parziali via via calcolate.

ALGORITMO 2.5 - Calcolo del minimo numero avente resti assegnati rispetto a moduli prefissati.

Sono dati gli interi positivi $M_1, M_2, \ldots, M_k$, $k \geq 2$, assegnati ordinatamente ai registri $M(1), M(2), \ldots, M(k)$, tali che $M_j \equiv \delta_{ij} \pmod{m_i}$, $i, j = 1, 2, \ldots, k$, dove i moduli $m_1, m_2, \ldots, m_k$ sono a due a due primi tra loro. Per ogni scelta dei resti $r_1, r_2, \ldots, r_k$, assegnati ordinatamente ai registri $R(1), R(2), \ldots, R(k)$, con $0 \leq r_j < m_j$, $j = 1, 2, \ldots, k$, si calcola il numero x, con $0 \leq x < m := \prod_j m_j$, tale che

$$x \equiv r_j \pmod{m_j}, \quad j = 1, 2, \ldots, k.$$

0. $k \to K$, $m \to M$

1. $0 \to X$

2.   per $J = 1, 2, \ldots, K$, ripetere:

2.1 $X + R(J) \cdot M(J) \to X$

2.2 $X \bmod M \to X$

3.   stampare X

4.   fine.

Se facciamo la convenzione, come già in precedenza, di identificare ciascuna classe dell'anello $\mathbb{Z}_m$ con il più piccolo numero naturale in essa contenuto, possiamo riassumere la discussione precedente affermando che l'applicazione

$$f : \mathbb{Z}_m \longrightarrow \mathbb{Z}_{m_1} \times \mathbb{Z}_{m_2} \times \ldots \times \mathbb{Z}_{m_k}$$

definita da

$$f : x \mapsto \big(x \bmod m_1,\ x \bmod m_2, \ldots,\ x \bmod m_k\big)$$

è una biiezione; la sua inversa è realizzata mediante gli algoritmi 2.4 e 2.5. Se x e y sono due elementi di $\mathbb{Z}_m$, per calcolare $x + y$ oppure xy si può procedere calcolando innanzitutto le due k-ple di resti

$$(u_1, u_2, \ldots, u_k) := f(x), \quad (s_1, s_2, \ldots, s_k) := f(y);$$

si calcolano le k-ple

$$(u_1 + s_1, u_2 + s_2, \ldots, u_k + s_k), \quad (u_1\, s_1, u_2\, s_2, \ldots, u_k\, s_k)$$

dove $u_j + s_j$ e $u_j\, s_j$ vengono calcolati modulo m_j, ed infine si applica a queste ultime la funzione f^{-1}.

La figura 2.2 mostra come un procedimento analogo possa essere applicato al calcolo del reciproco di un elemento di $\mathbb{Z}_m$, nel caso particolare $m = 105 = = 3 \cdot 5 \cdot 7$.

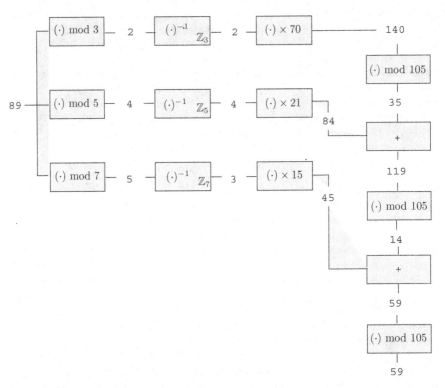

Figura 2.2 Per calcolare il reciproco di 89 modulo 105 si possono calcolare innanzitutto i resti del numero assegnato modulo 3, 5 e 7, ottenendo la terna $(2, 4, 5)$; trattandosi di numeri diversi da 0, quindi primi rispetto ai moduli considerati, si calcola il reciproco di ciascun resto, ottenendo la terna $(2, 4, 3)$. Ciò può farsi mediante l'algoritmo 2.1, o anche, poiché i moduli sono numeri primi, mediante l'algoritmo 2.2. Finalmente si applicano gli algoritmi 2.4 e 2.5 per calcolare il numero avente come terna di resti $(2, 4, 3)$; si ottiene il risultato 59: infatti $89 \cdot 59 = 5251 \equiv 1$ (mod 105). Si osservi che i calcoli dei resti modulo 3, 5 e 7 possono essere eseguiti in parallelo.

Concludiamo il capitolo dando uno sguardo ravvicinato ancora agli anelli $\mathbb{Z}_m$. Sappiamo dal Teorema 2.1 che, per ogni $m > 1$, sono invertibili in $\mathbb{Z}_m$ tutte e solo le classi $[n]$ corrispondenti a numeri n primi rispetto a m. In generale, per ogni $n > 0$, definiamo la funzione $\varphi(n)$ come il numero dei naturali nell'intervallo $[0, n - 1]$ primi con n stesso:

$$\varphi(n) := \text{card}\{x \in [0, n - 1] \mid \text{MCD}(x, n) = 1\}. \tag{9}$$

Dunque per ogni $m \geq 2$, il numero degli elementi invertibili di $\mathbb{Z}_m$ è $\varphi(m)$. Alcuni valori della funzione φ:

n	1	2	3	4	5	6	7	8	9	10
$\varphi(n)$	1	1	2	2	4	2	6	4	6	4

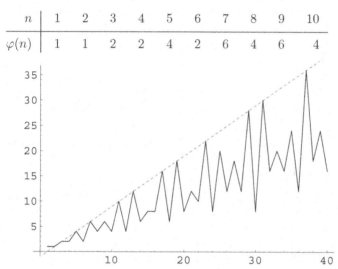

Figura 2.3 Andamento della funzione $n \mapsto \varphi(n)$ per $n \leq 40$. I punti sulla retta tratteggiata hanno come ascissa un numero primo.

Evidentemente, se p è primo, si ha $\varphi(p) = p - 1$ (e viceversa). È facile anche calcolare $\varphi(n)$ se $n = p^k$, con k naturale: poiché i numeri minori di n e *non primi* rispetto ad esso sono, $0, p, 2p, \ldots, p^k - p = p(p^{k-1} - 1)$ dunque in numero di p^{k-1}, avremo

$$\varphi(n) = p^k - p^{k-1} = p^{k-1}(p - 1). \tag{10}$$

La proprietà fondamentale della funzione φ è espressa dal teorema seguente: esso ci dice che φ è una funzione "moltiplicativa":

Teorema 2.4. Per ogni coppia di interi positivi a e b primi tra loro si ha

$$\varphi(ab) = \varphi(a)\,\varphi(b). \tag{11}$$

DIMOSTRAZIONE. Possiamo limitarci a considerare il caso $a > 1$, $b > 1$, perché altrimenti la tesi è ovvia. Posto $m := ab$, poiché a e b sono primi tra loro, il numero $n \in [0, m - 1]$ è primo rispetto ad ab se e solo se esso è primo tanto rispetto ad a quanto rispetto a b. Per ciascuno degli n considerati sia

$$(r, s) := (n \bmod a, n \bmod b).$$

Come sappiamo (v. fig. 2.2) n è invertibile in $\mathbb{Z}_m$ se e solo se r coincide con uno dei resti $r_1, r_2, \ldots, r_{\varphi(a)}$ e s coincide con uno dei resti $s_1, s_2, \ldots, s_{\varphi(b)}$. ◁□

Nal capitolo seguente mostreremo che ogni numero positivo ≥ 2 o è primo oppure si può scrivere come prodotto di potenze di numeri primi distinti, cioè può essere *scomposto in fattori primi*:

$$n = \prod_{p|n} p^{\alpha(p)}, \tag{12}$$

dove il prodotto è esteso ai numeri primi che dividono n e gli esponenti $\alpha(p)$ sono interi positivi. Combinando la (11) con la (12) si ottiene, per ogni $n \in \mathbb{N}^*$,

$$\varphi(n) = \prod_{p|n} p^{\alpha(p)-1}(p-1) = \prod_{p|n} p^{\alpha(p)}(1-1/p) = n\prod_{p|n}(1-1/p). \tag{13}$$

La funzione φ è direttamente disponibile nei sistemi *Derive*, Maple e *Mathematica*: le denominazioni sono, nell'ordine, EULER_PHI(n), phi(n) e EulerPhi[n].

L'introduzione della funzione φ è dovuta ad Eulero, nome latinizzato del matematico svizzero Leonhard Euler (1701-1783). A lui è dovuta la seguente generalizzazione del teorema di Fermat 2.2:

Teorema 2.5. Se m è intero ≥ 2 ed a è un intero primo rispetto ad m, allora

$$a^{\varphi(m)} \equiv 1 \pmod{m}. \tag{14}$$

Una traccia della dimostrazione è contenuta nell'esercizio 2.17.

ESERCIZI

2.1 Sia $[a]$ un elemento invertibile in $\mathbb{Z}_m$; dimostrare la *legge di cancellazione*

$$[ax] = [ay] \implies [x] = [y],$$

o, in forma equivalente

$$ax \equiv ay \pmod{m} \implies x \equiv y \pmod{m}.$$

SUGGERIMENTO. Da $[ax] = [ay]$, moltiplicando per $[a]^{-1}$ .... Oppure: m divide $ax - ay = a(x - y)$; ma m è primo rispetto ad a dunque ....

Si osservi che l'ultima implicazione si può anche formulare

$$x \not\equiv y \implies ax \not\equiv ay.$$

2.2 Verificare che la congruenza $ax \equiv b \pmod{m}$ ammette soluzioni intere se e solo se $\mathrm{MCD}(a, m)$ è divisore di b. SUGGERIMENTO. Si riveda la discussione relative alle equazioni diofantee al termine del precedente capitolo.

2.3 Diamo una traccia della dimostrazione del teorema di Fermat 2.2, nell'ipotesi che n non sia multiplo di p. Tale ipotesi significa che $[n]$ è un elemento invertibile di $\mathbb{Z}_p$. Consideriamo i numeri $n, 2n, 3n, \ldots, (p-1)n$; poiché i fattori $1, 2, \ldots, p$ non sono, due a due, congrui modulo p, lo stesso vale per i numeri sopra considerati (si riveda l'esercizio 2.1). Dunque le classi

$[n], [2n], \ldots, [(p-1)n]$

sono a due a due distinte e diverse dall'elemento nullo di $\mathbb{Z}_p$. Ne segue che

$[n][2n][3n] \ldots [(p-1)n] = [1][2][3] \ldots [p-1],$

cioè $[(p-1)! n^{p-1}] = [(p-1)!]$, da cui, cancellando il fattore $[(p-1)!]$, segue $[n^{p-1}] = [1]$.

2.4 Si verifichi che la congruenza $n^m \equiv n \pmod{m}$ può essere falsa se m non è primo.

2.5 Si verifichi che per ogni coppia di numeri naturali x e y e per ogni numero primo p si ha $(x+y)^p \equiv x^p + y^p \pmod{p}$.

SUGGERIMENTO. Si applichi a primo membro la formula del binomio e si verifichi che, per ogni k con $1 \le k \le p-1$, p divide il coefficiente binomiale di indice superiore p e indice inferiore k: $1 \le k \le p-1 \implies p \mid \binom{p}{k}$.

2.6 Si utilizzi il precedente esercizio per dimostrare il teorema di Fermat (cfr. esercizio 2.3) per $n \in \mathbb{N}$, procedendo per induzione rispetto ad n.

2.7 Con i simboli della tabella 2.1, si dimostri che, se per un fissato m e per un certo j, si ha $r_j = 0$, allora $r_k = 0$ per ogni $k > j$.

2.8 Tenendo presente la tabella 2.1, nonché il risultato del precedente esercizio, si dimostri che n è divisibile per 5 se e solo se tale è l'ultima cifra della sua rappresentazione decimale, cioè se e solo se tale cifra è 0 oppure 5. Risultato analogo per la divisibilità per 10.

2.9 Per $m = 3$, oppure $m = 9$, si dimostri che $r_j = 1$ per ogni j. Se ne deduca che n è divisibile per 3 oppure per 9 se e solo se tale è il numero che si ottiene sommando le cifre decimali di n.

2.10 Si dimostri che $n = (a_k\, a_{k-1} \ldots a_1\, a_0)_{10}$ è divisibile per 4 se e solo se tale è il numero $2a_1 + a_0$. Si verifichi che ciò equivale alla divisibilità per 4 del numero $10a_1 + a_0$, cioè il numero costituito dalle ultime due cifre della rappresentazione decimale di n.

2.11 Si dimostri che $n = (a_k\, a_{k-1} \ldots a_1\, a_0)_{10}$ è divisibile per 11 se e solo se tale è il numero $10(a_1 + a_3 + \ldots) + (a_0 + a_2 + \ldots)$, dove la prima parentesi contiene la somma delle cifre decimali di n aventi indice dispari, la seconda parentesi contiene la somma delle cifre di indice dispari. Poiché

$10(a_1 + a_3 + \ldots) = 11(a_1 + a_3 + \ldots) - (a_1 + a_3 + \ldots),$

se ne deduca che n è divisibile per 11 se e solo se tale è il numero

$(a_0 + a_2 + \ldots) - (a_1 + a_3 + \ldots).$

2.12 Come dev'essere modificata la "prova del nove" se gli interi sono rappresentati in una base b diversa da dieci?

2.13 Per ogni numero naturale n si consideri il numero n' definito come differenza tra il numero delle decine contenute in n e il doppio del numero delle unità. Ad esempio, se $n = 1324$, allora $n' = 132 - 2 \cdot 4 = 124$. Dimostrare che n è divisibile per 7 se e solo se tale è n'.

SUGGERIMENTO. Sia $n = 10\,n_1 + n_0$, con $0 \le n_0 < 9$; se $n = 7q$, $q \in \mathbb{N}$, allora $q = (10/7)\,n_1 + (1/7)\,n_0$: osservando che $1/7 = 3 - 20/7, \ldots$. Si tenga presenta l'esercizio 1.7.

2.14 In un Trattato Aritmetico stampato a Bologna nel 1737 troviamo il seguente quesito:

Un gentiluomo caracollando col cavallo ruppe un çesto di uova a una povera contadina, quale volendo riffarla del danno: domandò quante uova aveva nel cesto, la contadina rispose di non saperlo: ma bensì si ricordava, che contandole a 2 a 2 ne avanzava 1, a 3 a 3 ne avanzava 1, a 4 a 4 ne avanzava 1, ma contandole a 5 a 5 non ne avanzava alcuna. Quante uova erano nel cesto?

Si calcoli il minimo numero naturale che soddisfa le condizioni imposte e si verifichi che il problema contiene un'informazione ridondante.

2.15 Nell'esercizio 1.6 abbiamo visto come calcolare una potenza ad esponente naturale utilizzando implicitamente la rappresentazione in base due dell'esponente. Nel seguito ci interesserà calcolare il resto di una tale potenza modulo un numero assegnato $m \ge 2$. Si esamini al riguardo il seguente

ALGORITMO 2.6 - Calcolo modulo m di una potenza con esponente naturale.

Dato l'intero x, l'esponente naturale n e il modulo $m \ge 2$, si calcola $x^n \bmod m$.

   0. $x \to X$, $n \to N$, $m \to M$

   1. $1 \to Z$

   2. $X \bmod M \to X$

   3.   finché $N > 0$, ripetere:

   3.1   se $N \bmod 2 > 0$, allora:

   3.1.1 $N - 1 \to N$

   3.1.2 $Z \cdot X \to Z$

   3.1.3 $Z \bmod M \to Z$

   3.2 $N \operatorname{div} 2 \to N$

   3.3 $X \cdot X \to X$

   3.4 $X \bmod M \to X$

   4.   stampare Z

   5.   fine.

Si osservi (cfr. le istruzioni 2., 3.1.2 e 3.4) che nel corso dell'algoritmo precedente le variabili X e Z non assumono valori maggiori di $(m-1)^2$ in valore assoluto. È lecito sopprimere l'istruzione 3.1.1?

2.16 Si verifichi che il teorema di Fermat (cfr. esercizio 2.3) può essere formulato nel modo seguente: se p è primo e a è un arbitrario numero intero, allora $a^p - a$ è multiplo di p. Se ne deduca l'enunciato equivalente: se n è un intero > 2 per cui esiste un intero a tale che $a^n - a$ *non* è multiplo di n, allora n è composto (cioè non è primo).

2.17 Dimostrare il teorema di Eulero 2.5 in base alla seguente traccia: siano $x_1, x_2, \ldots, x_{\varphi(m)}$ i numeri naturali minori di m e primi rispetto ad esso; poiché essi sono a due a due non congrui modulo m ed a è primo con m, tali sono anche i numeri $a x_1, a x_2, \ldots, a x_{\varphi(m)}$, quindi le classi $[a x_1], [a x_2], \ldots, [a x_{\varphi(m)}]$ coincidono, a meno dell'ordine, con le classi $[x_1], [x_2], \ldots, [x_{\varphi(m)}]$. Moltiplicando tra loro tali classi ...

2.18 Il teorema di Eulero mostra che, se a è primo rispetto a m, la congruenza $a^x \equiv 1 \pmod{m}$ ammette soluzioni in $\mathbb{N}^*$. Si definisce *ordine* di a modulo m il minimo dell'insieme $\{x \in \mathbb{N}^* \mid a^x \equiv 1 \pmod{m}\}$.
Se d è l'ordine di a modulo m, si dimostri che d è un divisore di $\varphi(m)$.
SUGGERIMENTO. Sia $\varphi(m) = qd + r$, $0 \leq r < m$; da $a^{\varphi(m)} \equiv 1$, $a^{qd} = (a^d)^q \equiv 1$, si deduca $a^r \equiv 1$, e finalmente $r = 0$ ragionando per assurdo.

2.19 Si verifichi che la congruenza $a^{\varphi(m)} \equiv 1 \pmod{m}$ può essere falsa se a non è primo rispetto a m. SUGGERIMENTO. Si prenda, ad esempio, $m = 4$.

2.20 Utilizzando la congruenza $a^{\varphi(m)} \equiv 1 \pmod{m}$ con $m = 10$ (quindi $\varphi(m) = 4$), si dimostri che se a è un numero primo rispetto a 10 la rappresentazione decimale di a^4 termina con la cifra 1. Ad esempio $3^4 = 81$, $7^4 = 2401$, $13^4 = 28561$, $21^4 = 531441$.

2.21 Sia $m = pq$, p e q primi distinti. Verificare che, per ogni intero a, si ha

$$a^{\varphi(m)+1} = a^{(p-1)(q-1)+1} \equiv a \pmod{m}.$$

SUGGERIMENTO. È sufficiente esaminare i numeri a compresi tra 1 e $pq - 1$, e non primi rispetto a pq; dunque i multipli di p oppure (*aut*) di q. Sia a un multiplo di p; sia (r, s) la coppia i resti del numero a rispetto ai moduli p e q; allora $r = 0$, quindi la coppia resti del numero $a^{(p-1)(q-1)}$ si scrive .... Si applichi il teorema di Fermat nel campo $\mathbb{Z}_q$.

2.22 Utilizzando la (13) calcolare $\varphi(n)$ per $n = 100, 1000, 1\,000\,000$.

2.23 Verificare che, per ogni $m > 1$, $m - 1$ è il reciproco di se stesso modulo m. Verificare che, se p è primo, gli unici elementi di $\mathbb{Z}_p$ che sono reciproci di se stessi sono $[1]$ e $[p - 1]$.
(SUGGERIMENTO. Se x, con $1 \leq x \leq p - 1$, è tale che $x^2 = 1 + kp$, con k intero, allora $x^2 - 1 = (x - 1)(x + 1) = kp$... Si utilizzi l'esercizio 1.8)
Per $m = 8, 12, 15, 16$ si calcolino elementi, diversi da 1 e da $m - 1$, reciproci di se stessi.

2.24 Verificare che il sottoinsieme degli elementi invertibili di $\mathbb{Z}_m$, munito dell'operazione di moltiplicazione, è un gruppo commutativo di $\varphi(m)$ elementi, detto *gruppo moltiplicativo* dell'anello $\mathbb{Z}_m$.

2.25 Con i simboli degli algoritmi 2.4 e 2.5 si dimostri che per ogni intero a e per ogni k-pla di resti $(r_1, r_2, \ldots, r_k)$, con $0 \le r_j < m_j \; \forall j$, esiste uno ed un solo intero x tale che $x \equiv r_j \pmod{m_j}$ appartenente all'intervallo $[a, a + m - 1]$.

2.26 Con i simboli degli algoritmi 2.4 e 2.5 si dimostri che i numero M_j possono essere calcolati elevando $c_j = m/m_j$ all'esponente $\varphi(m_j)$.

2.27 I connettivi logici $\neg$, $\wedge$, $\vee$, $\Longrightarrow$, $\Longleftrightarrow$ (negazione, congiunzione, disgiunzione, implicazione, equivalenza) sono definiti in base alle tabelle seguenti, dove 0 sta per "falso" e 1 sta per "vero":

p	$\neg p$
1	0
0	1

p	q	$p \wedge q$
1	1	1
1	1	0
0	1	0
0	0	0

p	q	$p \vee q$
1	1	1
1	1	1
0	1	1
0	0	0

p	q	$p \Longrightarrow q$
1	1	1
1	1	0
0	1	1
0	0	1

p	q	$p \Longleftrightarrow q$
1	1	1
1	1	0
0	1	0
0	0	1

Le tabelle considerate definiscono cinque funzioni, la prima da $\mathbb{Z}_2$ in sé, le restanti da $\mathbb{Z}_2 \times \mathbb{Z}_2$ a $\mathbb{Z}_2$. Si verifichi che tali funzioni possono essere scritte sotto forma di funzioni polinomiali nel modo seguente:

$\neg p$	$1 + p$
$\wedge$	pq
$\vee$	$p + q + pq$
$\Longrightarrow$	$1 + p(1 + q)$
$\Longleftrightarrow$	$1 + p + q$

2.27 Se verifichi che il *modus ponens*, $(p \wedge (p \Longrightarrow q)) \Longrightarrow q$, è una *tautologia*, cioè ha valore di verità 1 per ogni scelta di p e q in quanto

$$1 + p(1 + p(1 + q))(1 + q) = 1,$$

per ogni $(p, q) \in \mathbb{Z}_2 \times \mathbb{Z}_2$. Verifica analoga per il *principio di contraddizione*

$$(p \Longrightarrow q) \Longleftrightarrow (\neg q \Longrightarrow \neg p).$$

SUGGERIMENTO. Si tenga presente che in $\mathbb{Z}_2$ ogni elemento è l'opposto di se stesso, cioè $p + p = 0$ per ogni $p \in \mathbb{Z}_2$.

3
Numeri primi

Abbiamo più volte ricordato, nei capitoli precedenti, che un numero naturale maggiore o uguale a 2 si dice *primo* se non ammette divisori positivi oltre l'unità e se stesso, si dice *composto* in caso contrario. Ogni numero pari maggiore di 2 è evidentemente composto.

È possibile *scomporre* i numeri composti, cioè scriverli come prodotti di fattori primi. Ad esempio:

$$4 = 2 \cdot 2, \quad 6 = 2 \cdot 3, \quad 8 = 2 \cdot 2 \cdot 2, \quad 9 = 3 \cdot 3 \quad 10 = 2 \cdot 5.$$

Un primo risultato importante è il cosiddetto *teorema fondamentale dell'aritmetica*:

Teorema 3.1. Ogni numero naturale maggiore di 1 si può scrivere come prodotto di fattori primi; tale fattorizzazione è unica a meno dell'ordine dei fattori.

DIMOSTRAZIONE. Occupiamoci dell'esistenza della fattorizzazione, dove s'intende che un "prodotto" può anche essere costituito da un solo fattore. Se, per assurdo, esistessero numeri interi che non si lasciano esprimere come prodotto di primi, esisterebbe il minimo tra di essi, sia *nmin*. Tale numero non può essere primo, e dunque ammette divisori diversi dall'unità e da se stesso: si ha dunque $nmin = rs$, per certi opportuni r e $s > 1$. Poiché r e s sono minori di *nmin*, essi possono esprimersi come prodotto di primi:

$$r = p_1 p_2 \ldots p_h, \quad s = q_1 q_2 \ldots q_k;$$

ma allora $nmin = p_1 p_2 \ldots p_h q_1 q_2 \ldots q_k$, contro l'ipotesi.

Quanto all'unicità, supppponiamo che

$$n = p_1 p_2 \ldots p_h, \quad n = q_1 q_2 \ldots q_k$$

siano due fattorizzazioni del medesimo numero n. Allora p_1 divide $n = q_1(q_2 \ldots q_k)$, e dunque (cfr. esercizio 1.7) o p_1 divide q_1, oppure p_1 divide $q_2 \ldots q_k$. Nel primo caso si ha necessariamente $p_1 = q_1$, nel secondo si ha che p_1 divide $q_2(q_3 \ldots q_k)$; così procedendo si trova un indice j tale che $p_1 = q_j$. Riordinando i fattori in modo che q_j compaia al primo posto, possiamo scrivere la seconda fattorizzazione nella forma

$$n = p_1 q_2 \ldots q_k,$$

da cui $p_2 p_3 \ldots q_h = q_2 q_3 \ldots q_k$.

Si itera il procedimento fino ad esaurire i fattori della prima scomposizione: a questo punto devono essere esauriti anche i fattori della seconda scomposizione e pertanto si conclude, come si voleva, che le due scomposizioni contengono lo stesso numero di fattori, anzi contengono gli stessi fattori, salvo l'ordine dei medesimi. ◁□

Osserviamo che se si accettasse come primo anche il numero 1 verrebbe meno l'unicità della fattorizzazione.

I numeri primi inferiori a 100, ordinati per valori crescenti, sono rappresentati nella Tabella 3.1.

k	p_k	k	p_k	k	p_k	k	p_k	k	p_k
1	2	6	13	11	31	16	53	21	73
2	3	7	17	12	37	17	59	22	79
3	5	8	19	13	41	18	61	23	83
4	7	9	23	14	43	19	67	24	89
5	11	10	29	15	47	20	71	25	97

Tabella 3.1

Com'è prevedibile, i numeri primi si vanno rarefacendo al crescere del loro valore. Non è dunque irragionevole chiedersi se, da un certo punto in poi, essi non scompaiano del tutto, nel senso che ogni numero naturale maggiore di un certo *pmax* è composto.

La risposta a tale interrogativo è negativa: esistono infiniti numeri primi, come segue subito del risultato seguente (Euclide, *Elementi*, IX, 20).

Teorema 3.2. Dati ad arbitrio i numeri primi p_1, p_2, ..., p_k, $k \geq 1$, esiste un numero primo distinto da essi.

Il ragionamento di Euclide, condotto formalmente per $k = 3$, è il seguente. Si consideri il numero

$$n := p_1 p_2 \ldots p_k + 1;$$

la divisione di n per p_1 dà come quoziente $p_2 p_3 \ldots p_k$ e come resto 1, dunque n non è divisibile per p_1. Lo stesso ragionamento, ripetuto per ciascun p_j, ci porta alla conclusione che n non è divisibile per alcuno dei numeri primi considerati. Dunque, se n è esso stesso primo, esso è diverso da tutti i p_j, in quanto maggiore di ciascuno di essi; se n è composto, esso deve potersi scrivere come prodotto di numeri primi diversi da quelli considerati. ◁□

Il lettore interessato può trovare dimostrazioni alternative nel primo capitolo del volume di Aigner-Ziegler [29].

Il ragionamento di Euclide mostra che all'insieme di numeri primi $\{p_1, p_2, \ldots, p_k\}$, $k \geq 1$, si può associare un insieme analogo, disgiunto da esso, $\{q_1, q_2, \ldots, q_h\}$, $h \geq 1$, semplicemente considerando i fattori primi di

$$n := p_1\,p_2 \ldots p_k + 1.$$

Ad esempio, l'insieme $\{3,5,7\}$ genera l'insieme $\{2,53\}$, in quanto $3\cdot5\cdot7 = 106 = 2\cdot53$. Proviamo ad iterare la procedura: si ottiene la sequenza di

$$\{3,5,7\}, \quad \{2,53\}, \quad \{107\}, \quad \{2,3\}, \quad \{7\}, \quad \{2\};$$

a questo punto è inutile procedere, in quanto si ottiene la successione periodica $\{2\},\{3\},\{2\},\{3\},\ldots$.

Un altro esempio:

$$\{3,11,13\}, \quad \{2,5,43\}, \quad \{431\}, \quad \{2,3\}, \quad \{7\}, \quad \{2\};$$

valgono le stesse considerazioni fatte per l'esempio precedente.

Nasce la congettura, che, qualunque sia l'insieme di primi di partenza, dopo un numero finito di applicazioni della trasformazione in esame si pervenga al singoletto $\{2\}$ e dunque ad una successione periodica. La congettura è corretta e la sua dimostrazione non è troppo difficile. Il lettore interessato troverà qualche indicazione nell'esercizio 1 al termine del capitolo.

Riprendiamo in considerazione la successione $p_1, p_2, \ldots, p_n, \ldots$ dei numeri primi ordinati per valori crescenti. La proprietà di essere primo è, in qualche modo, eccezionale; ci si chiede: quanto eccezionale?

Per cominciare a dare una qualche risposta a questa domanda, partiamo dal fatto, ben noto, che la *serie armonica* (quella che ha per termini i reciproci dei naturali positivi) è divergente:

$$\sum_{n\geq1} \frac{1}{n} = 1 + \frac{1}{2} + \frac{1}{3} + \frac{1}{4} + \ldots = \infty.$$

Se ora scegliamo soltanto i termini della serie scritta che hanno a denominatore un "quadrato perfetto" (un numero che sia il quadrato di un naturale), si ottiene la serie

$$\sum_{n\geq1} \frac{1}{n^2} = 1 + \frac{1}{4} + \frac{1}{9} + \frac{1}{16} + \ldots$$

che è convergente con somma $\pi^2/6$. Possiamo dire che la proprietà di essere un quadrato è *abbastanza rara* tra i naturali: scegliendo soltanto i termini della serie armonica i cui denominatori verificano la proprietà stessa si passa da una serie divergente a una serie convergente.

Che cosa accade se nella serie armonica si scelgono soltanto i termini che hanno a denominatore un numero primo? In altri termini: la serie

$$\sum_{n\geq1} \frac{1}{p_n} = \frac{1}{2} + \frac{1}{3} + \frac{1}{5} + \frac{1}{7} + \ldots$$

è convergente oppure divergente? La risposta è: la proprietà di essere primo non è così rara, perché l'ultima serie scritta è divergente.

Per dimostrare tale risultato, noto già ad Eulero, scelto ad arbitrio un numero $N \geq 2$, siano $p_1, p_2, \ldots, p_k$ i numeri primi che dividono almeno uno dei

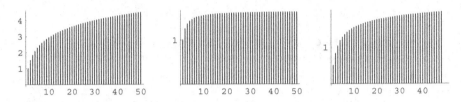

Figura 3.1 Da sinistra a destra: le prime 50 somme parziali delle serie $\sum_{n \geq 1} 1/n$, $\sum_{n \geq 1} 1/n^2$ e $\sum_{n \geq 1} 1/p_n$.

numeri $\leq N$. Dunque nella fattorizzazione di tali numeri non compaiono primi maggiori di p_k. Evidentemente $p_k \leq N$ e se N tende all'infinito, altrettanto fa k (e con esso p_k).

Consideriamo ora il prodotto delle k serie geometriche di ragione $1/p_1$, $1/p_2, \ldots, 1/p_k$:

$$\left(1 + \frac{1}{2} + \frac{1}{2^2} + \frac{1}{2^3} + \ldots\right) \times \left(1 + \frac{1}{3} + \frac{1}{3^2} + \frac{1}{3^3} + \ldots\right) \times$$

$$\times \ldots\ldots\ldots\ldots\ldots \times \left(1 + \frac{1}{p_k} + \frac{1}{p_k^2} + \frac{1}{p_k^3} + \ldots\right) = \prod_{j=1}^{k} \frac{1}{1 - 1/p_j}.$$

Se sviluppiamo il prodotto a primo membro otteniamo una serie che contiene 1 e tutti termini del tipo $1/n$, dove la fattorizzazione di n non contiene primi $> p_k$; dunque tutti i termini dalle serie armonica di indici $\leq N$ e pertanto

$$\sum_{n=1}^{N} \frac{1}{n} \leq \prod_{j=1}^{k} \frac{1}{1 - 1/p_j}.$$

Ma un semplice studio (che lasciamo come esercizio al lettore) mostra che, per $0 \leq x \leq 1/2$, si ha $1/(1-x) \leq e^{2x}$; dunque

$$\sum_{n=1}^{N} \frac{1}{n} \leq \prod_{j=1}^{k} \frac{1}{1 - 1/p_j} \leq \exp\left(2 \sum_{j=1}^{k} \frac{1}{p_j}\right).$$

Per $N \to \infty$ la somma $\sum_{n=1}^{N} 1/n$ diverge; altrettanto fa dunque la somma $\sum_{j=1}^{k} 1/p_j$ per $k \to \infty$.

Per una dimostrazione alternativa del risultato appena stabilito, il lettore può consultare ancora il primo capitolo del volume di Aigner-Ziegler [29].

Per dare una risposta più accurata al problema della densità dei numeri primi nell'ambito dei naturali, conviene introdurre la funzione $n \mapsto \pi(n)$, dove $\pi(n)$ è definito come il numero dei numeri primi non superiori a n. Si vogliono informazioni sul comportamento asintotico di tale funzione.

La soluzione del problema che abbiamo posto costituisce, par antonomasia, il *teorema dei numeri primi*: la funzione $n \mapsto \pi(n)$ si comporta asintoticamente come il rapporto $n/\log n$, cioè

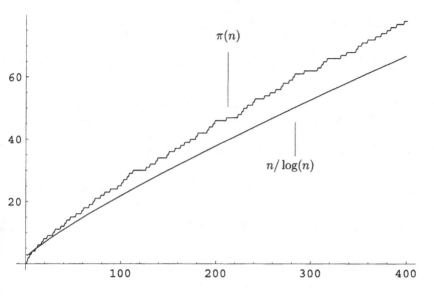

Figura 3.2 Le funzioni $\pi(n)$ e $n/\log(n)$ per $n \leq 400$.

$$\lim_{n \to \infty} \frac{\pi(n) \log n}{n} = 1,$$

ove s'intende che il logaritmo in questione è il logaritmo naturale.

Questo risultato, intuito da C.F. Gauss, fu dimostrato indipendentemente, nel 1896, da Jacques Hadamard (1865-1963) e Charles de la Vallée-Poussin (1866-1962). La dimostrazione fa uso di strumenti dell'analisi matematica.

Una dimostrazione *elementare* (nel senso che utilizza soltanto strumenti della teoria dei numeri) fu data nel 1948 da P. Erdös e A. Selberg. Si tenga conto del fatto che elementare non significa semplice; si veda in proposito N. Levinson: *A Motivated Account of an Elementary Proof of the Prime Number Theorem*, Amer. Math. Monthly 76 (1969), 225-245.

Segnaliamo che la funzione $\pi(n)$ è disponibile nei sistemi di calcolo *Derive*, Maple e *Mathematica*, rispettivamente con le denominazioni PRIMEPI(n), pi[n] e PrimePi[n].

Torniamo al problema della scomposizione in fattori primi di un numero naturale. Tenendo sempre presente che ammettiamo anche prodotti di un solo fattore, possiamo riformulare il teorema fondamentale dell'aritmetica nel modo seguente:

Ad ogni intero $n > 1$ sono associati i numeri primi (non necessariamente distinti) $p_1, p_2, \ldots, p_m$, $m \geq 1$, in modo tale che

$$n = p_1 p_2 \cdots p_m, \quad p_1 \leq p_2 \leq \ldots \leq p_m. \tag{1}$$

I sistemi di calcolo più diffusi dispongono tutti di un algoritmo di fattorizzazione: la denominazione è semplicemente factor(n), in *Derive* e in TI-BASIC, FactorInteger[n] in *Mathematica* e ifactor(n) in Maple.

È tuttavia istruttivo costruirsi in modo artigianale un algoritmo che realizzi la scomposizione in fattori primi. Osserviamo innanzitutto che se $n = rs$, con r e s naturali, non può essere contemporaneamente $r > \sqrt{n}$ e $s > \sqrt{n}$, perché da ciò seguirebbe $rs > n$.

Dunque nella ricerca dei fattori primi di n possiamo limitarci ad esaminare come divisori "di tentativo" i numeri primi non superiori alla radice quadrata di n: se il prodotto di tali fattori coincide con n, la scomposizione è terminata; in caso contrario, cioè se il prodotto in questione è minore di n, l'unico fattore maggiore di $\sqrt{n}$ è p_m, e quest'ultimo può essere determinato come

$$p_m = \frac{n}{p_1 \, p_2 \, \cdots \, p_{m-1}}.$$

Consideriamo dunque una sequenza di numeri naturali

$$d_0 := 2 < d_1 < d_2 < \ldots < d_k < \ldots$$

contenente tutti i numeri primi non superiori a $\sqrt{n}$; una tale sequenza può essere definita ricorsivamente ponendo, ad esempio,

$$d_0 := 2,$$

$$d_{k+1} := \begin{cases} d_k + 1, & \text{se } k = 0, \\ d_k + 2, & \text{altrimenti.} \end{cases}$$

Possiamo allora tentare successivamente la divisione di n per $d_0, d_1, d_2, \ldots$, nel senso seguente: se n non è divisibile per d_k, si passa al divisore successivo; in caso contrario di sostituisce n con n/d_k e si tenta ancora la divisione per d_k fino ad ottenere un valore aggiornato di n non più divisibile per d_k; si prosegue allo stesso modo fino ad esaurire tutti divisori di tentativo $\leq \sqrt{n}$.

La discussione precedente può essere tradotta nel seguente

ALGORITMO 3.1 - Scomposizione in fattori primi (prima versione).

Dato il numero naturale $n \geq 2$, si determinano i fattori primi della scomposizione (1).

    0. $n \to N, 2 \to D$

    1.   finché $D^2 \leq N$, ripetere:

    1.1   se $N \bmod D > 0$,

           allora:

    1.1.1   se $D = 2$, allora: $D + 1 \to D$

                      altrimenti: $D + 2 \to D$

           altrimenti:

    1.1.2   stampare D

    1.1.3 $N/D \to N$

    2.   se $N > 1$, stampare N

    3.   fine.

L'algoritmo considerato realizza una notevole economia nel numero delle variabili in gioco, ma a spese del tempo di calcolo.

Supponiamo, ad esempio, di applicare l'algoritmo precedente alla fattorizzazione del numero 101: dopo aver tentato, senza successo, la divisione per $2, 3, 5$ e 7, essendo $9^2 < 101$ viene ancora tentata la divisione per 9. Si tratta chiaramente di un tentativo inutile, perché se un numero non è divisibile per 3 a più forte ragione esso non è divisibile per 9.

La "probabilità" di eseguire tentativi inutili è tanto più elevata quanto più numerosi sono i numeri composti che compaiono nella successione dei divisori di tentativo. Nella successione utilizzata dall'algoritmo 3.1 compaiono tutti i multipli dispari di 3, che sono certamente composti.

Per eliminare tali multipli occorre generare la successione

$$2, 3, 5, 7, 11, 13, 17, 19, 23, 25, 29, \ldots,$$

che contiene come minimo numero composto 25.

Non è difficile generare ricorsivamente tale successione, utilizzando una variabile ausiliaria H che assume alternativamente i valori 2 e 4. Si consideri, al riguardo il seguente frammento di algoritmo

1. $2 \to D,\ 4 \to H$
2. se $D \leq 3$,
    allora:
2.1 $2 \cdot D - 1 \to D$
    altrimenti:
2.2 $6 - H \to H$
2.3 $D + H \to D$

Incorporando tale frammento nell'algoritmo 3.1, si perviene al seguente

ALGORITMO 3.2 - Scomposizione in fattori primi (seconda versione).

---

0. $n \to N,\ 2 \to D,\ 4 \to H$
1. finché $D^2 \leq N$, ripetere:
1.1 se $N \bmod D > 0$,
    allora:
1.1.1 se $D \leq 3$,
    allora:
1.1.1.1 $2 \cdot D - 1 \to D$
    altrimenti:
1.1.1.2 $6 - H \to H$
1.1.1.3 $D + H \to D$
    altrimenti:
1.1.2 stampare D

1.1.3 N div $D \to N$

2.   se $N > 1$, allora: stampare N

3.   fine.

Si può perfezionare ulteriormente il procedimento precedente generando ricorsivamente una successione di divisori di tentativo nella quale non compaiano né multipli di 3 né multipli di 5, naturalmente a spese di una maggiore complessità delle formule per la generazione stessa (v. il programma fac2 nell'Appendice 1).

La scelta migliore sarebbe quella che consiste nello scegliere $d_k = p_k$, k-esimo numero primo, ma non esistendo formule ricorsive che consentono il calcolo di p_k a partire dai numeri primi di indici inferiori a k, dovremmo disporre di una tabella contenente i numeri primi $p_1 = 2$, $p_2 = 3$, ..., fino a p_{jmax}, per poter fattorizzare un qualunque numero naturale non superiore al quadrato di p_{jmax}.

L'attenzione viene spostata su un diverso problema: disponendo di $jmax$ celle di memoria $P(1)$, $P(2)$, ..., $P(jmax)$, più alcuni registri per la memorizzazione di variabili ausiliarie, costruire una tabella contenente i primi $jmax$ numeri primi.

In linea di principio potremmo utilizzare uno dei due algoritmi già studiati; posto $P(1) = 2$, potremmo applicare uno dei due algoritmi citati ai numeri dispari ≥ 3: il numero esaminato è primo se e solo se la sua fattorizzazione contiene soltanto il numero stesso, cioè se e solo se il valore finale della variabile N coincide col valore iniziale.

Tuttavia questa non è la soluzione più economica del nostro problema: per accorgersi che un numero è composto non occorre certo eseguire per intero la sua fattorizzazione. In altri termini: il problema della determinazione della "primalità" o meno di un numero assegnato non richiede che si determini la sua scomposizione in fattori primi; come vedremo meglio nel seguito, il problema della primalità di un numero assegnato è sostanzialmente *meno complesso* di quello della sua fattorizzazione.

Osserviamo a questo punto che p_{k+1} è certamente compreso tra p_k e il suo quadrato; in altri termini, una volta determinato p_k ed assegnato come valore al registro $P(k)$, tutti i numeri naturali fino al quadrato di p_k possono, se necessario, essere fattorizzati, e tra questi vi è sicuramente p_{k+1}.

Sulla base di tali considerazioni possiamo considerare l'algoritmo 3.3 descritto a pagina seguente.

Il metodo più antico per la costruzione di una tabella dei numeri primi è il cosiddetto "crivello di Eratostene", così denominato dal nome del matematico greco del terzo secolo a.C. a cui è attribuito.

L'idea è semplice: si parte dalla lista dei numeri naturali compresi tra 2 e un certo numero $nmax$: da questa lista si scartano tutti i multipli di 2 (intendendo di considerare i multipli *propri*, cioè i numeri del tipo $k \cdot 2$ con

ALGORITMO 3.3 - Costruzione di una tabella di numeri primi.

Vengono calcolati, in ordine di grandezza crescente, i primi $jmax$ numeri primi.

0. $jmax \to JMAX$

1. $3 \to N$, $1 \to J$, $2 \to P(1)$

2.   ripetere:

2.1 $2 \to K$

2.2 $3 \to P$

2.3   finché $P^2 \le N$, ripetere:

2.3.1   se $N \bmod P = 0$,

            allora:

2.3.1.1   andare al passo 2.6

            altrimenti:

2.3.1.2 $K + 1 \to K$

2.3.1.3 $P(K) \to P$

2.4 $J + 1 \to J$

2.5 $N \to P(J)$

2.6 $N + 2 \to N$

     fino a quando $J = JMAX$

3.   per $J = 1, 2, \ldots, JMAX$, ripetere:

3.1   stampare $P(J)$

4.   fine

$k > 1$). A questo punto il numero immediatamente successivo a 2, cioè 3, è certamente primo.

Si scartano dalla lista tutti i multipli di 3: il numero immediatamente successivo a 3, cioè 5, è primo.

Così si prosegue fino ad incontrare un numero primo p il cui quadrato sia maggiore di $nmax$: a questo punto i numeri che sono rimasti nella lista, dopo avere "setacciato via" tutti i numeri composti, sono primi.

Possiamo utilizzare il procedimento descritto per contare i numeri primi non superiori ad un numero naturale prefissato, cioè per determinare il valore della funzione $\pi(n)$. Tenendo presente il fatto che tutti i numeri primi, ad eccezione di 2, sono dispari, possiamo associare ad ogni numero dispari compreso tra 3 ed n (dispari), una variabile logica che vale *vero* se il numero in questione è primo, vale *falso* in caso contrario.

Occorre dunque un vettore di variabili logiche contenente almeno $(n-1)/2$ elementi. (Si parla anche di variabili *booleane*, anziché logiche, in onore del logico inglese G. Boole, 1815-1864.) Inizialmente tutti gli elementi di tale vettore vengono posti uguali a *vero*, successivamente gli elementi del vettore vengono scanditi, a partire dal primo elemento che corrisponde al numero 3, ed ogniqualvolta si incontra un elemento il cui valore è *vero* (dunque un elemento corrispondente ad un numero primo) vengono posti uguale a *falso* tutti gli elementi del vettore che corrispondono a multipli del numero primo trovato.

Si provvede anche a contare il numero primo trovato, cioè si incrementa di un'unità un contatore inizialmente posto uguale a 1, per tener conto del fatto che il numero primo 2 non viene determinato dal nostro procedimento.

Per giungere a scrivere un algoritmo corrispondente all'idea esposta, occorre tenere presente che se F è il vettore di variabili logiche di cui abbiamo parlato, $F(1)$ corrisponde a 3, $F(2)$ corrisponde a 5, e così via, cioè, in generale, $F(I)$ corrisponde al numero dispari $2I + 1$.

Una volta individuato un indice I tale che $F(I)$ è vero (dunque $2I + 1$ è primo), è sufficiente porre uguale a *falso* gli elementi di F corrispondenti ai multipli dispari di P secondo un coefficiente di molteplicità $\geq P$, cioè i numeri $P \cdot P$, $(P + 2) \cdot P$, $(P + 4) \cdot P$, ... ; si osservi che ciascun numero si ottiene dal precedente sommando $2P$, dunque l'indice del secondo si ottiene da quello del primo sommando P.

Alla luce delle considerazioni esposte si esamini il seguente

ALGORITMO 3.4 - Crivello di Eratostene.

Viene calcolato il numero $\pi(n)$ dei numeri primi non superiori a n (dispari); si suppone di poter disporre di un vettore F contenente almeno $(n - 1)/2$ elementi di tipo booleano.

   0. $n \to N$

   1. $1 \to C$, $(N - 1)/2 \to KMAX$

   2.   per $I = 1, 2, \ldots, KMAX$, ripetere:

   2.1 $vero \to F(I)$

   3.   per $I = 1, 2, \ldots, KMAX$, ripetere:

   3.1   se $F(I) = vero$,

          allora:

   3.1.1 $2I + 1 \to P$

   3.1.2 $(P \cdot P - 1)$ div $2 \to K$

   3.1.3   finché $K \leq KMAX$, ripetere:

   3.1.3.1 $falso \to F(K)$

   3.1.3.2 $K + P \to P$

   3.1.4 $C + 1 \to C$

   4.   stampare C

   5.   fine.

La tabella seguente illustra la mappa della memoria dopo la prima esecuzione del blocco di istruzioni 3 (cioè dopo che la variabile I è stata posta uguale a 1 e prima che essa venga posta uguale a 2):

K	1	2	3	4	5	6	7	8	9	10	11	12	...
$F(K)$	V	V	V	F	V	V	F	V	V	F	V	V	...
	3	5	7	9	11	13	15	17	19	21	23	25	...

Nell'ultima riga sono stati scritti i numeri dispari corrispondenti agli indici della prima riga.

Lo studio dei numeri primi ha sempre rivestito grande interesse per i matematici; tale interesse è ulteriormente aumentato a partire dal 1977, anno in cui tre ricercatori del Massachusetts Institute of Technology, R.L. Rivest, A. Shamir e L.M. Adleman, osservarono che era possibile basare un sistema crittografico a chiave pubblica sulla difficoltà di fattorizzazione di un numero composto molto grande, ad esempio un numero $n = pq$, prodotto di due primi p e q, ciascuno con un centinaio di cifre decimali.

La dizione "a chiave pubblica" che abbiamo usato poco sopra significa che lo strumento per la codifica dei messaggi da trasmettere può essere reso di pubblico dominio, senza pregiudicare la riservatezza del codice; infatti per la decodifica occorre possedere un'informazione aggiuntiva che, ancorché contenuta in linea di principio nelle informazioni necessarie per la codifica, di fatto richiederebbe tempi proibitivamente lunghi per potere essere dedotta da queste ultime: centinaia o forse migliaia di ore con i mezzi di calcolo e con gli algoritmi attualmente a disposizione.

Osserviamo innanzitutto che un qualunque messaggio può essere tradotto in forma numerica: basta stabilire una corrispondenza biunivoca tra le lettere dell'alfabeto, compresi i segni di interpunzione e lo spazio bianco, ed opportuni numeri naturali. Si può, ad esempio, utilizzare il codisce ASCII (*American Standard Code for Information Interchange*). Naturalmente il mittente e il ricevente devono condividere tale codice.

Un qualunque messaggio viene così trasformato in una "stringa" di cifre; se necessario tale stringa può essere suddivisa in sottostringhe in modo tale che ciascuna di esse rappresenti, in forma decimale, un numero naturale non superiore ad un massimo prefissato.

Possiamo dunque sempre ridurci al problema di trasmettere una sequenza di messaggi ciascuno rappresentato da un numero naturale non superiore ad un assegnato n. Sia $n = pq$, con p e q primi distinti; sappiamo dall'estensione di Eulero del teorema di Fermat (cfr. teorema 2.5 e l'esercizio 2.20) che per ogni intero a risulta

$$a^{(p-1)(q-1)+1} \equiv a \pmod{n};$$

in particolare, se $0 \leq a < n$, si ha

$$a^{(p-1)(q-1)+1} \bmod n = a. \tag{2}$$

Ammettiamo per un istante di poter scrivere l'esponente $(p-1)(q-1)+1$ come prodotto di due interi b e c:

$$bc = (p-1)(q-1)+1 \quad \Longrightarrow \quad a^{bc} = a^{(p-1)(q-1)+1}.$$

Possiamo usare il seguente codice: per trasmettere l'informazione a, il mittente calcola innanzitutto

$$r := a^b \bmod n$$

e lo trasmette; il ricevente calcola

$$r^c \bmod n = a^{bc} \bmod n$$

e ritrova il messaggio originario a, in virtù della (2).

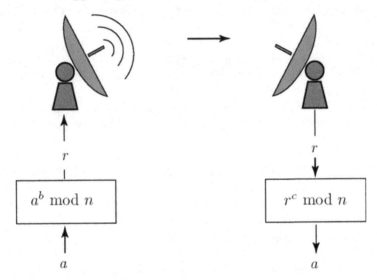

Figura 3.3   Schema della trasmissione di un messaggio numerico secondo il metodo RSA.

Formalmente: la funzione di codifica è l'applicazione f dell'insieme $\mathbb{N} \cap [0, n-1]$ in sé definita da

$$f : a \mapsto a^b \bmod n;$$

la funzione inversa è

$$f^{-1} : r \mapsto r^c \bmod n.$$

Consideriamo un esempio "giocattolo". Sia $p = 13$, $q = 19$; allora

$$(p-1)(q-1) + 1 = 217 = 7 \cdot 31,$$

quindi possiamo scegliere $b = 7$, $c = 31$, $n = pq = 247$.

Per trasmettere il messaggio "3", dobbiamo calcolare (ad esempio mediante l'algoritmo 2.6)

$$3^7 \bmod 247 = 211;$$

il ricevente calcola

$211^{31} \bmod 247 = 3$,

e ritrova il messaggio originale.

Per codificare è necessario conoscere b (la *chiave pubblica*) ed n; per decodificare è necessario conoscere c (la *chiave privata*) ed n. Si osservi che

$$bc = (p-1)(q-1) + 1 = n - p - q + 2;$$

dunque per calcolare c non basta conoscere n e b, ma occorre conoscere i fattori p e q di n. Come abbiamo già osservato, la fattorizzazione di n può risultare un'impresa virtualmente impossibile se n è "grande", ad esempio possiede più di 200 cifre decimali.

Come produrre numeri primi grandi? Un teorema di Dirichlet (P.G. Lejeune-Dirichlet, 1805-1859) può aiutare:

Teorema 3.3. Se a e b sono coprimi, $a, b \in \mathbb{N}^*$, allora la progressione aritmetica $a + k \cdot b$, $k \in \mathbb{N}$, contiene infiniti numeri primi.

Se disponiamo di un test di primalità, possiamo esplorare la successione $a + k \cdot b$ a partire da un assegnato valore di k fino a trovare un primo.

Diamo un esempio concreto. Supponiamo di voler usare la chiave privata $c = 7$. Allora $n - p - q + 2 = (p-1)(q-1) + 1$ deve essere un multiplo di 7, dunque congruo a 0 modulo 7. Questo significa che $(p-1)(q-1)$ deve essere congruo a 6 modulo 7, e poiché $6 = 2 \cdot 3$ dobbiamo trovare p congruo a 3 e q congruo a 4 modulo 7. Noi possiamo trovare quanti primi vogliamo nelle progressioni aritmetiche $3 + k \cdot 7$ e $4 + k \cdot 7$, e possiamo usarli come valori di p e di q.

Ad esempio, esplorando tali progressioni a partire da $k = 3000$, si trova $p = 21\,017$ e $q = 21\,011$, e pertanto

$$n = p \cdot q = 441\,588\,187;$$

ogni "messaggio" a minore di n può essere trasmesso usando lo schema che conosciamo.

Chiudiamo il capitolo accennando brevemente ai criteri di primalità. Abbiamo già osservato (cfr. esercizio 2.16) che il teorema di Fermat si può enunciare in forma equivalente nel seguente modo: se n è un numero naturale positivo per cui esiste una base intera a tale che $a^n - a$ *non* è multiplo di n, allora n *non* è primo.

Il teorema di Fermat fornisce dunque un criterio di "non primalità", cioè una condizione sufficiente affinché un numero sia composto. Diremo che n supera il test di Fermat rispetto alla base a se

$$a^n - a \equiv 0 \pmod{n}$$

diremo anche che n è uno *pseudoprimo* in base a.

Come il nome stesso lascia intendere, uno pseudoprimo in base a può essere un numero composto (v. esercizio 3.9). L'idea di dimostrare che n è primo verificando che esso è pseudoprimo rispetto a diverse basi si scontra con la circostanza, segnalata all'inizio del ventesimo secolo dal matematico americano R.D. Carmichael, che esistono numeri composti che sono pseudoprimi rispetto a qualunque base. Il più piccolo di tali numeri è $561 = 3 \cdot 11 \cdot 17$. Non è difficile dimostrare che

$$a^{80} \equiv 1 \pmod{561}$$

per ogni numero a primo rispetto a 561; ne segue per gli stessi a, essendo 80 divisore di 560, $a^{560} \equiv 1 \pmod{561}$ e finalmente $a^{561} \equiv a \pmod{561}$ (v. esercizio 3.10).

I numeri di Carmichael sono piuttosto rari: ecco una lista di quelli inferiori a 100000: 561, 1105, 1729, 2465, 2821, 6601, 8911, 10585, 15841, 29341, 41041, 46657, 52633, 62745, 63973, 75361. Nel 1994 W.R. Alford, A. Granville e C. Pomerance hanno dimostrato l'esistenza di infiniti numeri di Carmichael.

In anni recenti è stata sviluppata l'idea di mettere a punto criteri di primalità probabilistici: il numero n di cui si vuole verificare la primalità viene sottoposto ad un numero finito di controlli indipendenti; se uno di tali controlli non viene superato, il numero n è certamente composto; in caso contrario si può dare una stima della probabilità che n sia primo, stima indipendente dal numero n stesso.

Limitiamoci ad illustrare il cosiddetto "algoritmo P" descritto nel capitolo 4 del volume [10] di D.E. Knuth, rimandando, per maggiori ragguagli, alla bibliografia al termine del volume. Si tratta in sostanza del criterio noto come *test di Miller-Rabin*, dai nomi dei matematici G.L. Miller e M.O. Rabin che lo proposero negli anni '70.

Sia n, che supponiamo ovviamente dispari, il numero di cui si vuole saggiare la primalità. Se per un intero a, con $1 < a < n$, si ha $a^{n-1} \equiv 1 \pmod{n}$, allora n è pseudoprimo in base a. Per calcolare $a^{n-1} \bmod n$ e verificare che esso vale 1, possiamo innanzitutto scrivere il numero (pari) $n - 1$ nella forma

$$n - 1 = 2^k q, \quad k \in \mathbb{N}, \quad q \text{ dispari};$$

posto per semplicità $y := a^q \bmod n$, possiamo elevare successivamente y al quadrato k volte, prendendo ogni volta il resto modulo n.

In forma algoritmica:

0. $a^q \bmod n \to y$
1. per $j = 1, 2, \ldots, k$
1.1 $y^2 \bmod n \to y$
2. stampare y

Se il valore finale di y è 1, allora n è pseudoprimo in base a. Supponiamo che n sia effettivamente primo; ricordiamo (cfr. es. 2.23) che soltanto i numeri 1 e $n - 1$ hanno quadrato congruo a 1, cioè sono reciproci di se stessi (tutti i ragionamenti s'intendono modulo n). Allora nel corso del procedimento appena descritto per calcolare a^{n-1} si presenta necessariamente una delle due seguenti alternative.

1. Il valore iniziale di y è 1, cioè $a^q \equiv 1$; allora y si mantiene tale fino al termine del procedimento.

2. In caso contrario, sia j_0, $1 \leq j_0 \leq k$, il minimo valore di j per cui $a^{2^j q} \equiv 1$; per il valore immediatamente precedente, $j := j_0 - 1 < k$ si ha necessariamente $a^{2^j q} \equiv n - 1$.

Se n verifica una delle due alternative descritte, diremo che n è pseudoprimo *forte* in base a. Dunque se n (supposto pseudoprimo in base a) è primo, esso è pseudoprimo forte; in caso contrario esso è composto.

Ad esempio, sappiamo che il numero di Carmichael 561 è pseudoprimo in base 2: $2^{560} \equiv 1 \pmod{561}$. Ma $560 = 2^4 \cdot 35$, ed i valori assunti dalla variabile y per $j \leq 4$ sono

$$2^{35} \equiv 263, \quad 2^{2 \cdot 35} \equiv 166, \quad 2^{4 \cdot 35} \equiv 67, \quad 2^{8 \cdot 35} \equiv 1, \quad 2^{16 \cdot 35} \equiv 1.$$

Dunque 561 non è pseudoprimo forte in base 2 e pertanto esso è composto.

L'algoritmo di Miller-Rabin consiste nel ripetere su un numero sufficientemente elevato di interi x compresi tra 1 e $n-1$ (viene suggerito di utilizzare cinquanta valori) il controllo di pseudoprimalità forte già descritto. Se tutte le prove vengono superate, n è "probabilmente primo", dove la probabilità che esso sia, in realtà, composto è inferiore a $4^{-50} \approx 7.8 \cdot 10^{-31}$.

Tutto ciò presuppone che si disponga di un generatore di numeri pseudocasuali, cioè una funzione che, ad ogni chiamata, è in grado di fornire un intero appartenente ad un particolare intervallo della retta reale, diciamo un intero compreso tra 0 e $n-1$, in modo da simulare l'estrazione di un numero da un'urna contenente n palline numerate da 0 a $n-1$. Indicheremo tale funzione col simbolo rand(n), dall'inglese *random* = casuale.

L'algoritmo in questione può essere descritto nel modo seguente:

ALGORITMO 3.5 - Un criterio probabilistico di primalità.

Dato il numero dispari n, si controlla se esso è pseudoprimo forte in base x, in corrispondenza di cinquanta valori di x scelti in modo pseudocasuale nell'intervallo $1 < x < n$. La variabile logica T vale *vero* in uscita se e solo se tutti i controlli vengono superati

0.　　$n \to N$

1.　　$n - 1 \to Q$

2.　　$0 \to K$

3.　　finché $Q \bmod 2 = 0$, ripetere:

3.1　　　Q div $2 \ \to Q$

3.2　　　$K + 1 \to K$

4.　　$0 \to I$

5.　　finché $I < 50$, ripetere:

5.1　　　ripetere:

5.1.1　　　　$rand(N) \to X$

fino a quando $X > 1$

5.2 $0 \to J$

5.3 $X^Q \bmod N \to Y$

5.4   finché $J < K$, ripetere:

5.4.1   se $((J = 0 \wedge Y = 1) \vee (Y = N - 1))$, allora:

5.4.1.1   *vero* $\to T$

5.4.1.2   andare al passo 5.6

5.4.2   se $(J > 0 \wedge Y = 1)$, allora:

5.4.2.1   *falso* $\to T$

5.4.2.2   andare al passo 5.6

5.4.3 $(Y \cdot Y) \bmod N \to Y$

5.5   *falso* $\to T$

5.6   se $T = vero$

allora:

5.6.1 $I + 1 \to I$

altrimenti:

5.6.2   andare al passo 7

6.   *vero* $\to T$

7.   stampare T

8.   fine.

Un test probabilistico di primalità che viene largamente usato è il cosiddetto "metodo ρ di Pollard" (detto anche "metodo Montecarlo"), proposto da J.M. Pollard nel 1975. Il lettore interessato può consultare, ad esempio, il volume di Leonesi e Toffalori [39].

Accanto ai test di primalità probabilistici sono stati sviluppati, e sono tuttora oggetto di attiva ricerca, i test di primalità deterministici. Nel 2002 ha suscitato sensazione un test deterministico proposto dai matematici indiani M. Agrawal, N. Kayal e N. Saxena (algoritmo AKS) che è più efficiente, almeno da un punto di vista teorico, rispetto a tutti i precedenti. Il lettore interessato è rinviato ancora al volume di Leonesi e Toffalori [39].

Prima di chiudere questo capitolo vogliamo accennare ai problemi tuttora insoluti relativamente ai numeri primi. Un primo problema riguarda l'esistenza (o meno) di infinite coppie di numeri primi *gemelli* (cioè primi che differiscano di due unità); si veda al riguardo la figura 3.3.

Celebre è poi la *congettura di Goldbach*, così chiamata dal nome del matematico Christian Goldbach: in una corrispondenza con Eulero, nel 1742, egli formulò l'ipotesi che ogni numero pari ≥ 4 si possa scrivere come somma di due primi dispari.

Tale congettura è stata verificata per tutti i primi inferiori a 3×10^{17}, ma non v'è alcuna dimostrazione generale al riguardo di essa.

ESERCIZI

3.1 Con riferimento alla procedura presentata subito dopo la dimostrazione del Teorema 3.2, sia $n_0 := p_1 p_2 \ldots p_k + 1$, e

$$n_{k+1} := q_1 q_2 \ldots q_h + 1, \quad k \geq 0$$

dove $n_k := q_1^{\alpha_1} q_2^{\alpha_2} \ldots q_h^{\alpha_h}$ è la scomposizione in fattori primi di n_k. Si osservino i punti seguenti:

1. Il numero n_{k+1} è il successivo di un divisore di n_k, ed è il successivo di n_k se e solo se esso ammette una scomposizione in fattori primi distinti.

2. Il numero n_{k+1} non può essere il successivo di n_k per quattro valori consecutivi dell'indice k (tra quattro interi consecutivi, uno di essi è multiplo di 4, dunque nella sua fattorizzazione ...).

3. Segue dal punto precedente, che, per ogni fissato k, esiste un h compreso tra 0 e 3 per cui

$$n_{k+h+1} \leq \frac{n_{k+h}}{2} + 1,$$

e di conseguenza

$$n_{k+4} \leq \frac{n_k}{2} + 4.$$

Poiché l'ultima quantità è minore di n_k se e solo se $n_k > 8$, ne segue che $n_{k+4} < n_k$ fintanto che $n_k > 8$.

4. Si concluda esaminando separatamente il caso $n_0 \leq 8$ (si esaminino i casi possibili), e il caso $n_0 > 8$ (v. bibliografia [28]).

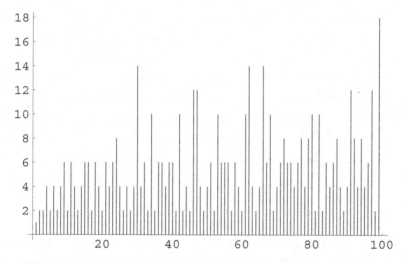

Figura 3.3 Andamento delle differenze tra numeri primi consecutivi, da $p_2 - p_1 = = 3 - 2 = 1$ a $p_{100} - p_{99} = 541 - 523 = 18$. Due numeri primi consecutivi che differiscono di 2 unità vengono detti *gemelli*; ad esempio, le coppie di primi gemelli ≤ 100 sono $(3,5)$, $(5,7)$, $(11,13)$, $(17,19)$, $(29,31)$, $(41,43)$, $(59,61)$, $(71,73)$.

3.2 Esaminando i numeri $n! + 2$, $n! + 3$, ..., $n! + n$, si dimostri che esistono primi consecutivi la cui differenza è arbitrariamente grande. In termini equivalenti: esistono sequenze arbitrariamente lunghe di numeri composti consecutivi (sono i tratti orizzontali della figura 3.2). Si veda anche la figura 3.3.

OSSERVAZIONE. Le sequenze di numeri composti consecutivi si trovano solo "abbastanza avanti" nella successione dei primi; infatti nel 1845 J. Bertrand congetturò (e nel 1852 P.L. Čebyšev dimostrò) che, per ogni naturale $n > 0$, nell'intervallo $(n, 2n]$ cade almeno un primo (v. bib. [29], cap. 2).

3.3 Verificare che l'algoritmo 3.2 per la determinazione della scomposizione in fattori primi può essere modificato nel modo seguente:

ALGORITMO 3.6 - Scomposizione in fattori primi (terza versione).

Dato il numero naturale $n > 2$, si determinano i fattori primi della scomposizione (1).

   0. $n \to N$, $2 \to D$, $4 \to H$

   1.   ripetere:

   1.1   se N div $D \to Q$,

   1.2   se N mod $D \to R$,

   1.3   se $R > 0$,

           allora:

   1.3.1   se $D \leq 3$,

              allora:

   1.3.1.1 $2 \cdot D - 1 \to D$

              altrimenti:

   1.3.1.2 $6 - H \to H$

   1.3.1.3 $D + H \to D$

           altrimenti:

   1.3.2   stampare D

   1.3.3 $Q \to N$

         fino a quando $Q \leq D$

   2.   stampare N

   3.   fine.

3.4 In questo esercizio e nel seguente vogliamo illustrare un metodo, dovuto a Fermat, per la determinazione del massimo fattore di un numero n dispari, fattore non superiore alla radice quadrata di n stesso; n è primo se e solo se tale fattore vale 1. Si cerca una fattorizzazione del tipo $n = uv$, $u \leq v$, con u e v entrambi dispari; ad u vengono fatti assumere valori decrescenti a partire da $\lfloor \sqrt{n} \rfloor$, massimo intero che non supera la radice di n. Si suppone evidentemente di disporre di un metodo per la determinazione di tale quantità.

Introduciamo gli interi x e y ponendo

$$x := (u + v)/2, \quad y := (v - u)/2,$$

cioè $u = x - y$, $v = x + y$. Allora $n = x^2 - y^2$, $0 \leq y < x \leq n$. Partendo dai valori $x := \lfloor \sqrt{n} \rfloor$, $y := 0$ (che corrispondono ai valori $u = v = \lfloor \sqrt{n} \rfloor$), si calcola il residuo $r := x^2 - y^2$; se $r = 0$, l'algoritmo è terminato, in caso contrario si procede aumentando x di un'unità se $r < 0$, aumentando y di un'unità se $r > 0$.

0. $\lfloor \sqrt{n} \rfloor \to x$, $0 \to y$
1. $x^2 - n \to r$
2.   finché $r \neq 0$, ripetere:
2.1   se $r < 0$,

       allora:

2.1.1. $x + 1 \to x$

        altrimenti:

2.1.2 $y + 1 \to y$
2.2 $x^2 - y^2 - n \to r$
3.   stampare $x - y$
4.   fine.

3.5 L'algoritmo del precedente esercizio può essere modificato tenendo conto del fatto che quando x aumenta di un'unità, r aumenta della quantità $2x + 1$, quando y aumenta di un'unità, r diminuisce della quantità $2y + 1$. Si utilizzano due variabili ausiliarie a e b per memorizzare le quantità $2x + 1$ e $2y + 1$. Si osservi che attualmente risulta $u = (a - b)/2$, $v = (a + b - 2)/2$.

ALGORITMO 3.7 - Dato il numero dispari n, se ne calcola il massimo divisore non superiore alla sua radice quadrata.

---

0. $n \to N$, $\lfloor \sqrt{n} \rfloor \to U$
1. $2U + 1 \to A$, $1 \to B$
2. $U \cdot U - N \to R$
3.   finché $R \neq 0$, ripetere:
3.1   se $R < 0$,

       allora:

3.1.1 $R + A \to A$
3.1.2 $A + 2 \to A$

        altrimenti:

3.1.3 $R - B \to R$
3.1.4 $B + 2 \to B$
4.   stampare $(A - B)/2$
5.   fine.

3.6 Dimostrare che esistono infiniti numeri primi del tipo $p = 2 + 3k$, $k \in \mathbb{N}$, procedendo nel seguente modo:

i) per ogni $n > 0$ si consideri il numero $M := 3n! - 1$; si verifichi che M non è divisibile per alcun intero compreso tra 2 e n;

ii) si verifichi che M appartiene alla classe [2] di $\mathbb{Z}_3$;

iii) si verifichi che il prodotto di elementi della classe [1] di $\mathbb{Z}_3$ è un elemento della stessa classe.

Se ne concluda che la scomposizione in fattori primi di M contiene almeno un fattore del tipo $2 + 3k$, maggiore di n.

3.7 Con una tecnica simile a quella dell'esercizio precedente si dimostri che esistono infiniti numeri primi del tipo $3 + 4k$, oppure del tipo $5 + 6k$.

3.8 Dimostrare che se n è un numero dispari > 3, i numeri n, $n + 2$, $n + 4$ non possono essere tutti primi.

SUGGERIMENTO. Si considerino i resti modulo 3.

3.9 Sia (cfr. (12), cap. 2)

$$n = \prod_{p|n} p^{\alpha(p)}$$

la scomposizione in fattori primi di n. Se ne deduca che il numero totale dei divisori di n, tanto primi quanto composti, è

$$\prod_{p|n} [\alpha(p) + 1].$$

SUGGERIMENTO. Sono divisori di n i numeri del tipo $d := \prod_{p|n} p^{\beta(p)}$, dove, per ogni divisore p di n, l'esponente $\beta(p)$ appartiene all'intervallo ....

3.10 Verificare che 15 è pseudoprimo in base 4, 91 è pseudoprimo in base 3, 341 è pseudoprimo in base 2, dove 15, 91 e 341 sono composti.

3.11 Verificare che, per ogni numero a primo rispetto a 561, si ha $a^{80} \equiv 1$ (mod 561). Se ne deduca che, per ogni a, $a^{560} \equiv a$ (mod 561).

SUGGERIMENTO. Si utilizzi il teorema cinese dei resti, come nell'esercizio 2.19, cioè si mostri che a^{80} e 1 hanno le stesse terne di resti rispetto ai moduli 3, 11 e 17. Si tenga conto del fatto che $\varphi(561) = \varphi(3)\,\varphi(11)\,\varphi(17) = 2 \cdot 10 \cdot 16$, dove mcm$(2, 10, 16) = 80$.

3.12 Verificare che 121, 703 e 1891 sono pseudoprimi forti in base 3.

4
Numeri razionali

In quest'ultimo capitolo ci occuperemo di numeri razionali. Ricordiamo come possa essere costruito l'insieme $\mathbb{Q}$ dei numeri razionali. Conveniamo di chiamare "frazioni" gli elementi di $\mathbb{Z} \times \mathbb{Z}^*$, cioè le coppie ordinate (n, m) con n intero e m intero non nullo; diremo che n è il *numeratore* e m il *denominatore* della frazione considerata.

Possiamo definire un'addizione e una moltiplicazione tra tali coppie ponendo

$$(n, m) + (n', m') := (nm' + n'm, mm'),$$

$$(n, m) \cdot (n', m') := (nn', mm').$$

Si tratta di operazioni commutative e associative; inoltre la moltiplicazione è distributiva rispetto all'addizione. La coppia $(0, 1)$ è l'elemento neutro dell'addizione, la coppia $(1, 1)$ l'elemento neutro della moltiplicazione.

Introduciamo in $\mathbb{Z} \times \mathbb{Z}^*$ una relazione ponendo

$$(n, m) \sim (n', m') \iff nm' = n'm.$$

Non è difficile verificare che si tratta di una relazione di equivalenza: la classe di equivalenza della frazione (n, m) verrà indicata col simbolo n/m. Si verifica senza difficoltà che le operazioni introdotte in $\mathbb{Z} \times \mathbb{Z}^*$ sono compatibili con la relazione $\sim$, cioè se si esegue l'addizione tra due frazioni, e poi l'addizione tra due frazioni ordinatamente equivalenti alle precedenti, si ottengono risultati ancora equivalenti. Lo stesso vale per la moltiplicazione.

È dunque possibile definire un'addizione e una moltiplicazione nello spazio quoziente $\mathbb{Z} \times \mathbb{Z}^*/ \sim$ ponendo

$$n/m + n'/m' := (nm' + n'm)/(mm'), \quad n/m \cdot n'/m' := nn'/(mm').$$

L'insieme così ottenuto assume una struttura di *anello*; più precisamente si tratta di un *campo*, cioè un anello in cui ogni elemento non nullo ammette reciproco. Infatti se n/m è diverso dall'elemento nullo, allora $n \neq 0$, quindi n/m ammette come reciproco m/n. Abbiamo così ottenuto il campo $\mathbb{Q}$ dei *numeri razionali*.

È sempre possibile rappresentare un numero razionale, cioè una classe n/m, mediante una frazione (n, m) con $m > 0$, e, se opportuno, n primo rispetto a m: si dice allora che la frazione è *ridotta ai minimi termini*.

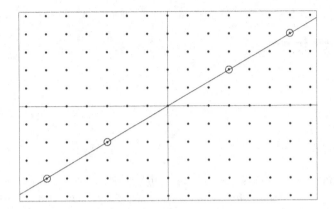

Figura 4.1 Se si rappresenta ciascuna frazione (n, m) mediante il punto di ordinata n e ascissa m, allora frazioni equivalenti appartengono ad una medesima retta passante per l'origine del piano, avente coefficiente angolare n/m. In figura sono evidenziati i punti che rappresentano la frazione 2/3 e le frazioni ad essa equivalenti. I punti corrispondenti alle frazioni ridotte ai minimi termini vengono "visti" da un osservatore posto nell'origine, nel senso che il segmento congiungente l'origine con ciascuno di tali punti non contiene altri punti a coordinate entrambe intere. L'esistenza di numeri *irrazionali*, cioè non razionali, corrisponde all'esistenza di rette passanti per l'origine su cui non cade alcun punto a coordinate entrambe intere.

$\mathbb{Q}$ è un campo *ordinato* dalla relazione

$$ n/m < n'/m' \quad \Longleftrightarrow \quad nm' < n'm, $$

dove si suppone che m e m' siano positivi. L'insieme $\mathbb{Z}$ degli interi è isomorfo all'insieme dei razionali del tipo $n/1$ mediante l'isomorfismo $n \mapsto n/1$. Potremo dunque dire che $\mathbb{Z}$ è contenuto in $\mathbb{Q}$, esattamente come abbiamo detto che $\mathbb{N}$ è contenuto in $\mathbb{Z}$. Il campo $\mathbb{Q}$ è *archimedeo*, cioè $\mathbb{N}$ è illimitato in $\mathbb{Q}$: per ogni numero razionale x esiste un naturale n maggiore di x.

Aggiungiamo ancora che $\mathbb{Q}$ è *denso*, nel senso che per ogni coppia di razionali x e y tra loro distinti, sia $x < y$, esiste un razionale (di fatto ne esistono infiniti) strettamente compreso tra x e y: basta considerare $(x + y)/2$.

$\mathbb{Q}$ è *numerabile*, cioè i suoi elementi possono essere organizzati in successione. Ciò è mostrato graficamente dalla figura 4.2: l'insieme $\mathbb{Z} \times \mathbb{N}^*$ delle frazioni con denominatore positivo può essere organizzato in successione: possiamo immaginare (e in infiniti modi) un cammino che, partendo dal punto di coordinate $(1, 0)$, tocchi una ed una sola volta tutti i punti a coordinate entrambe intere e denominatore positivo. La figura 4.2 mostra una scelta possibile. Se eliminiamo i punti corrispondenti a frazioni non ridotte ai minimi termini, abbiamo ottenuto un'organizzazione in forma di successione di tutti i razionali.

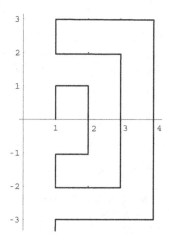

Figura 4.2 La spezzata in figura tocca una e una sola volta tutti i punti aventi coordinate entrambe intere e ascissa positiva.

Veniamo alla rappresentazione decimale dei numeri razionali. Rappresentare in forma decimale un numero naturale n significa scriverlo come somma di addendi del tipo $c_j \, 10^j$, $0 \le c_j < 10$. Analogamente si pone il problema di rappresentare ogni numero razionale positivo n/m come somma di un numero naturale, più addendi del tipo $c_j \, 10^{-j}$, sempre con la condizione $0 \le c_j < 10$. Poiché si può eseguire la divisione euclidea di n per m, possiamo evidentemente limitarci a considerare numeri razionali compresi tra 0 e 1, cioè n/m con $0 < n < m$. Supponiamo che per un tale numero sussista una rappresentazione del tipo

$$\frac{n}{m} = \frac{c_1}{10} + \frac{c_2}{10^2} + \ldots + \frac{c_k}{10^k}; \tag{1}$$

scriveremo l'uguaglianza precedente anche nella forma

$$\frac{n}{m} = 0. \, c_1 \, c_2 \ldots c_k. \tag{1'}$$

Si osservi che stiamo seguendo la convenzione anglosassone di separare con un punto, anziché una virgola, la parte intera della rappresentazione da quella decimale.

Allora il numero n/m si può anche scrivere nella forma

$$\frac{c_1 \, 10^{k-1} + c_2 \, 10^{k-2} + \ldots + c_k}{10^k},$$

cioè

$$\frac{n}{m} = \frac{c}{10^k}$$

avendo posto

$$c := c_1 \, 10^{k-1} + c_2 \, 10^{k-2} + \ldots + c_k. \tag{2}$$

Abbiamo ottenuto una frazione decimale, cioè una frazione avente come denominatore una potenza di 10. Si osservi che il numeratore della frazione ottenuta ha come rappresentazione decimale la stringa di cifre $c_1 c_2 \ldots c_k$, salvo sopprimere da quest'ultima uno o più zeri iniziali.

Ad esempio si ha

$$\frac{1}{16} = \frac{0}{10} + \frac{6}{10^2} + \frac{2}{10^3} + \frac{5}{10^4} = 0.0625;$$

allora

$$\frac{1}{16} = \frac{625}{10^4},$$

cioè il numeratore della frazione decimale equivalente a 1/16 si ottiene dalla quaterna 0625 sopprimendo lo zero iniziale.

Dunque se n/m ammette una rappresentazione decimale limitata del tipo (1)-(1'), allora esso è rappresentabile mediante una frazione decimale.

Inversamente è ovvio che ogni frazione decimale $c/10^k$, $0 \le c < 10^k$, ammette una rappresentazione del tipo (1)-(1'): basta scrivere la rappresentazione decimale (2) del numeratore c e da quest'ultima ottenere la (1) dividendo entrambi i membri per 10^k.

Riassumendo: ammettono rappresentazione decimali limitate (cioè rappresentazioni del tipo (1)-(1')) tutti e solo i numeri razionali che possono essere rappresentati mediante frazioni decimali.

Nasce la questione: data la frazione n/m, quando essa è equivalente ad una frazione decimale? La risposta è: quando e solo quando la scomposizione in fattori primi del denominatore m (dove la frazione si suppone ridotta ai minimi termini) non ammette fattori primi diversi da 2 e da 5, cioè fattori diversi da quelli della base dieci. Infatti se m ammette soltanto i fattori 2 e 5, dunque

$$m = 2^r 5^s, \quad r, s \in \mathbb{N},$$

posto $k := \max\{r, s\}$, si ha

$$\frac{n}{m} = \frac{2^{k-r} 5^{k-s}}{10^k}.$$

Inversamente, se $n/m = c/10^k$, allora

$$10^k n = cm;$$

se m ammettesse un fattore primo p diverso da 2 e da 5, allora questo dividerebbe $10^k n$; ma essendo primo rispetto a n, p non divide n e pertanto (cfr. esercizio 1.7) dovrebbe dividere 10^k, ciò che è assurdo.

Ci si chiede come procedere per dare una rappresentazione decimale per una frazione n/m, dove m possiede divisori diversi da 2 e da 5; dalla discussione precedente segue subito che una tale frazione non ammette una rappresentazione del tipo (1). Osserviamo che le cifre c_j che compaiono in una rappresentazione del tipo (1) possono essere determinate ricorsivamente nel modo che segue.

Innanzitutto c_1 è tale che

$$\frac{c_1}{10} \le \frac{n}{m} < \frac{c_1 + 1}{10},$$

cioè

$$c_1 \le 10\,n/m < c_1 + 1 \iff c_1 = (10\,n) \text{ div } m.$$

Consideriamo la differenza

$$\frac{n}{m} - \frac{c_1}{10} = \frac{r_1}{10\,m},$$

avendo posto $r_1 := 10\,n - c_1\,m$, cioè $r_1 = (10\,n) \bmod m$; allora

$$\frac{r_1}{m} = \frac{10\,n}{m} - c_1 = \frac{c_2}{10} + \frac{c_3}{10^2} + \dots + \frac{c_k}{10^{k-1}}$$

da cui

$$\frac{10\,r_1}{m} = c_2 + \frac{c_3}{10} + \dots + \frac{c_k}{10^{k-2}}$$

e quindi

$$c_2 = (10\,r_1) \text{ div } m.$$

In generale, data la frazione *propria* (cioè minore di 1) n/m, posto

$$r_0 := n,$$

possiamo generare ricorsivamente due successioni (c_j) e (r_j) mediante le formule

$$c_j := (10\,r_{j-1}) \text{ div } m, \quad r_j := (10\,r_{j-1}) \bmod m; \tag{3}$$

in altri termini, la coppia (c_j, r_j) si ottiene eseguendo la divisione euclidea di $10\,r_{j-1}$ per m.

Le due successioni appena definite contengono infiniti termini; tuttavia è sufficiente calcolare non più di m termini per ciascuna di esse per ottenere un'informazione completa sulle medesime successioni.

Infatti, poiché i valori ammissibili per i resti r_j sono soltanto m, e precisamente i numeri naturali compresi tra 0 e $m - 1$, si presenta necessariamente una delle due seguenti alternative:

1. Esiste un indice $k < m$ tale che $r_k = 0$; ne segue che tutte le coppie (c_j, r_j) con $j > k$ hanno le componenti entrambe nulle. Come sappiamo dalla discussione precedente, questo caso si verifica se e solo se la frazione di partenza è rappresentabile come frazione decimale.

2. I resti r_k con k compreso tra 0 e $m-1$ sono tutti diversi da 0; poiché i valori ammissibili per tali resti si riducono a $m - 1$, due resti sono necessariamente uguali tra loro. Sia $k \ge 0$ il minimo indice a cui corrisponde un resto ripetuto, e fissato così k, sia $p > 0$ il minimo indice per cui $r_{k+p} = r_k$. Dalle formule (3) segue che la stringa di resti

$$r_k \, r_{k+1} \cdots r_{k+p-1}$$

si ripete ciclicamente, e di conseguenza, in virtù della prima della (3), lo stesso accade per la stringa delle cifre decimali

$$c_{k+1} \, c_{k+2} \cdots c_{k+p}.$$

Scriveremo

$$\frac{n}{m} = 0.\, c_1 \, c_2 \, \ldots \, c_k \, \overline{c_{k+1} \, c_{k+2} \cdots c_{k+p}}, \qquad (4)$$

dove la sopralineatura indica le cifre che si ripetono periodicamente. Diremo che n/m ammette una rappresentazione decimale *periodica*, la stringa $c_1 \, c_2 \, \ldots \, c_k$ essendo l'*antiperiodo* e la stringa $c_{k+1} \, c_{k+2} \cdots c_{k+p}$ il *periodo* della rappresentazione stessa. I numeri k e p si diranno rispettivamente lunghezza dell'antiperiodo e lunghezza del periodo.

Se $k = 0$ la (4) si scrive

$$\frac{n}{m} = 0.\, \overline{c_1 \, c_2 \ldots c_p}, \qquad (4')$$

e la rappresentazione ottenuta si dice *periodica pura*.

Consideriamo, ad esempio, il numero $1/7$; la situazione è mostrata dalla seguente tabella:

j	c_j	r_j	$10\,r_j$	m
0	–	1	10	7
1	1	3	30	7
2	4	2	20	7
3	2	6	60	7
4	8	4	40	7
5	5	5	50	7
6	7	1	10	7

Come si vede, si ha $r_0 = r_6 = 1$, dunque $k = 0$, $p = 6$:

$$\frac{1}{7} = 0.\, \overline{142857};$$

abbiamo ottenuto una rappresentazione periodica pura, cioè con periodo che inizia immediatamente dopo il punto decimale.

La precedente tabella viene, di solito, scritta nella seguente forma più compatta:

$$
\begin{array}{rl|l}
 & 1 & \;7 \\
\hline
r_0 \to & \underline{1}0 & \;0.142857 \\
r_1 \to & \underline{3}0 & \\
r_2 \to & \underline{2}0 & \\
r_3 \to & \underline{6}0 & \\
r_4 \to & \underline{4}0 & \\
r_5 \to & \underline{5}0 & \\
r_6 \to & \underline{1} & \\
\end{array}
$$

Abbiamo semplicemente eseguito la divisione di 1 per 7 fino alla sesta cifra decimale. Ecco un altro esempio, relativo al numero $1/6$:

$$
\begin{array}{r|l}
 & 1 \quad \mid \quad 6 \\
r_0 \to & \underline{1}0 \quad \mid \quad 0.16 \\
r_1 \to & \underline{4}0 \\
r_2 \to & \underline{4}
\end{array}
$$

In questo caso si trova $r_1 = r_2 = 4$, dunque $1/6 = 0.1\overline{6}$.

Si pone il problema della determinazione della lunghezza del periodo e dell'antiperiodo della rappresentazione decimale di $x = n/m$, sempre nell'ipotesi $0 < n < m$, con n e m primi tra loro.

Occupiamoci dapprima della lunghezza del periodo. Supponiamo, in un primo tempo, che il denominatore non ammetta i fattori 2 e 5: $\mathrm{MCD}(10, m) = 1$. Allora 10 ammette *ordine* $d \geq 1$ modulo m (cfr. esercizio 2.18), cioè d è il minimo esponente positivo tale che $10^d \equiv 1 \pmod{m}$; sappiamo che d è un divisore di $\varphi(m)$. Se poniamo $q := 10^d$ div m, abbiamo $10^d = qm + 1$, quindi

$$
10^d x = \frac{10^d n}{m} = \frac{(qm + 1) n}{m} = qn + x.
$$

Pertanto qn è la parte intera di $10^d x$, $qn = \lfloor 10^d x \rfloor$, e di conseguenza i due numeri $10^d x$ e x hanno le stesse cifre decimali. Se

$$
x = 0.c_1 c_2 \ldots c_d c_{d+1} c_{d+2} \ldots,
$$

è la rappresentazione decimale di x, per $10^d x$ si trova

$$
10^d x = c_1 c_2 \ldots c_d . c_{d+1} c_{d+2} \ldots
$$

e dunque

$$
c_{d+j} = c_j, \quad \text{per ogni } j \in \mathbb{N}^*.
$$

Poiché la stringa di cifre decimali $c_1 c_2 \ldots c_d$ si ripete ciclicamente, x ammette la rappresentazione decimale periodica pura $x = 0.\overline{c_1 c_2 \ldots c_d}$, vale a dire si ha $k = 0$, $p \leq d$.

Inversamente, se $x = 0.\overline{c_1 c_2 \ldots c_d}$, allora x è somma della serie geometrica di primo elemento

$$
\frac{c_1}{10} + \frac{c_2}{10^2} + \ldots + \frac{c_p}{10^p}
$$

e ragione $\rho := 1/10^p$, cioè

$$
\begin{aligned}
x &= \left(\frac{c_1}{10} + \frac{c_2}{10^2} + \ldots + \frac{c_p}{10^p} \right) \frac{1}{1 - \rho} = \\
&= \left(\frac{c_1}{10} + \frac{c_2}{10^2} + \ldots + \frac{c_p}{10^p} \right) \frac{10^p}{10^p - 1} = \\
&= \frac{c_1 10^{p-1} + c_2 10^{p-2} + \ldots + c_p}{10^p - 1} =: \frac{n}{m},
\end{aligned}
$$

dove l'ultima frazione è ridotta ai minimi termini. Attualmente m divide $10^p - 1$, $10^p - 1 = qm \iff 10^p \equiv 1 \pmod{m}$, quindi $p \leq d$, d essendo, come in precedenza, l'ordine di 10 modulo m.

Riassumendo: se $\text{MCD}(10, m) = 1$ e d è l'ordine di 10 modulo m, allora, e solo allora, x ammette una rappresentazione periodica pura con lunghezza p del periodo uguale a d.

Sia ancora $x = n/m$, $0 < n < m$, una frazione ridotta ai minimi termini, ma sia ora

$$m = 2^r 5^s m', \quad \text{MCD}(10, m') = 1, \tag{6}$$

dove i numeri naturali r e s non sono entrambi nulli, dunque m' non è uguale a 1. Sia, come in precedenza, $k = \max\{r, s\}$, d l'ordine di 10 modulo m'. Allora

$$x = \frac{n}{m} = \frac{2^{k-r} 5^{k-s} n}{10^k m'},$$

da cui

$$10^k x = \frac{N}{m'} = q + \frac{r'}{m'},$$

dove q e r' sono rispettivamente quoziente e resto della divisione del numeratore $N := 2^{k-r} 5^{k-s} n$ per m', dunque

$$0 \le q < 10^k, \quad 0 < r' < m', \quad \text{MCD}(r', m') = 1.$$

Sia

$$q = a_{k-1} 10^{k-1} + a_{k-2} 10^{k-2} + \ldots + a_0, \ 0 \le a_j \le 9 \text{ per } j = 0, 1, \ldots, k-1;$$

dunque la rappresentazione decimale di q differisce da $a_{k-1} a_{k-2} \ldots a_1 a_0$ al più per uno o più zeri iniziali. Dalla discussione precedente sappiamo che r'/m' ammette una rappresentazione decimale periodica pura con periodo di lunghezza d:

$$\frac{r'}{m'} = 0.\overline{c_1 c_2 \ldots c_d}.$$

Dunque

$$10^k x = a_{k-1} a_{k-2} \ldots a_1 a_0 . \overline{c_1 c_2 \ldots c_d},$$

e finalmente

$$x = 0. a_{k-1} a_{k-2} \ldots a_1 a_0 \overline{c_1 c_2 \ldots c_d}. \tag{7}$$

Lasciamo al lettore la verifica del fatto che, se x è rappresentato mediante la (7), allora $x = n/m$, ove m è dato dalla (6).

Riassumiamo tutta la discussione precedente sotto forma di

Teorema 4.1. Sia $x = n/m$, $0 < n < m$, una frazione ridotta ai minimi termini; posto

$$m = 2^r 5^s m', \quad \text{MCD}(10, m') = 1, \quad k = \max\{r, s\},$$

x ammette la rappresentazione limitata (1) se e solo se $m' = 1$, cioè se x è rappresentabile mediante una frazione decimale con denominatore 10^k.

Se $m' > 1$ e d è l'ordine di 10 modulo m', allora x ammette la rappresentazione decimale periodica (4), dove k ha il significato già specificato e $p = d$.

Se $k = 0$, cioè m non ammette i divisori 2 e 5, la rappresentazione (4) si riduce alla (4').

Il teorema dimostrato suggerisce un semplice algoritmo per la determinazione delle cifre costituenti l'antiperiodo e il periodo della rappresentazione decimale di $x = n/m$.

Innanzitutto si calcola $\mathrm{MCD}(n, m)$ e, se tale quantità è maggiore di 1, si riduce la frazione dividendo n e m per tale MCD.

Si determinano gli esponenti r e s dei fattori 2 e 5 nella scomposizione in fattori primi del denominatore m e si calcola $k = \max\{r, s\}$. Se $k > 0$, si calcolano, mediante le (3), le coppie (c_j, r_j) per $j = 1, 2, \dots, k$.

Se $r_k = 0$, abbiamo terminato: a tale controllo provvede la clausola contenuta nell'istruzione 11 dell'algoritmo seguente quando essa viene eseguita per la k-esima volta. In caso contrario si memorizza il valore di r_k (cfr. istruzione 11.1) e si procede nell'applicazione delle formule (3) fino a determinare un resto r_{k+p} uguale a r_k.

ALGORITMO 4.1 - Rappresentazione decimale di un numero razionale.

Dato $x = n/m$, $0 < n < m$, si calcola la lunghezza k dell'antiperiodo della rappresentazione decimale di x, nonché le cifre costituenti l'antiperiodo e il periodo della rappresentazione stessa.

0. $n \to N$, $m \to M$
1. $0 \to J$, $0 \to R0$, $N \to R1$
2. $\mathrm{MCD}(n, m) \to D$
3.   se $D > 1$, allora: $N/D \to N$, $M/D \to M$
4. $M \to R$
5. $0 \to H$
6.   finché $R \bmod 2 = 0$, ripetere:
6.1 $H + 1 \to H$
6.2 $R \operatorname{div} 2 \to R$
7. $0 \to K$
8.   finché $R \bmod 5 = 0$, ripetere:
8.1 $k + 1 \to k$
8.2 $R \operatorname{div} 5 \to R$
9.   se $H > K$, allora: $H \to K$
10.   stampare K
11.   finché $R1 \neq R0$, ripetere:
11.1   se $J = K$, allora $R1 \to R0$
11.2 $J + 1 \to J$

11.3 $(10R1)$ div $M \rightarrow C$

11.4 $(10R1)$ mod $M \rightarrow R1$

11.5   stampare C

12.   fine.

Tornando al processo iterativo (3), è chiaro che si tratta di applicare la funzione

$$f(x) = (10\,x) \bmod m,$$

ripetutamente a partire dal valore di innesco $r_0 = n$. Si osservi che la funzione f è discontinua per i valori di x che sono multipli di $m/10$; i valori che essa assume sono contenuti nell'intervallo $[0, m)$ e il suo grafico è costituito da segmenti di pendenza 10. Possiamo dunque visualizzare il procedimento per il calcolo della rappresentazione decimale di n/m mediante un diagramma "a tela di ragno" come abitualmente si fa quando si vuole rappresentare uno schema iterativo del tipo (3).

Mostriamo mediante alcune figure i diagrammi a tela di ragno che illustrano la sequenza dei resti che si generano durante il calcolo della rappresentazione decimale di un numero razionale.

Cominciamo da due frazioni che ammettono rappresentazioni periodiche pure: $1/7$ e $3/7$.

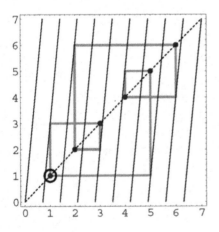
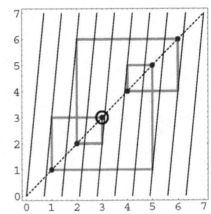

Figura 4.3

Abbiamo la sequenza di resti $\{1, 3, 2, 6, 4, 5\}$ nel primo caso, la sequenza analoga $\{3, 2, 6, 4, 5, 1\}$ nel secondo. Tale sequenza è ottenuta dalla precedente mediante una permutazione ciclica. Mediante un piccolo cerchio abbiamo evidenziato il primo resto che viene calcolato. Altri due esempi: $1/13$ e $2/13$.

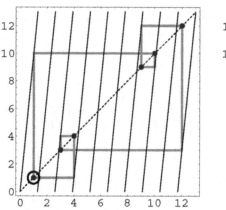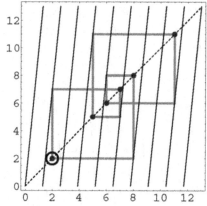

Figura 4.4

Questa volta abbiamo due allineamenti decimali con periodi di lunghezza 6, dove 6 è divisore di $\varphi(13) = 12$. Osserviamo che, nel primo caso, la sequenza dei resti è $\{1, 10, 9, 12, 3, 4\}$, nel secondo è $\{2, 7, 5, 11, 6, 8\}$; nel loro complesso esse costituiscono una partizione dell'insieme dei resti possibili, che sono i numeri da 1 a 12.

Passiamo a frazioni il cui denominatore contiene i fattori 2 oppure 5: $1/14$ e $5/14$.

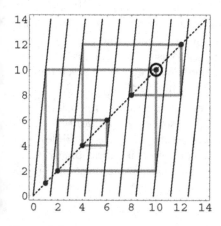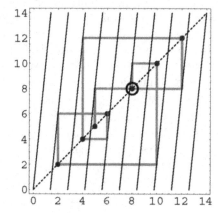

Figura 4.5

Questa volta il piccolo cerchio evidenzia il primo resto che si ripete; esso viene calcolato dopo aver calcolato le cifre dell'antiperiodo. La sequenza dei resti è nel primo caso $\{1; 10, 2, 6, 4, 12, 8\}$, nel secondo caso $\{5; 8, 10, 2, 6, 4, 12\}$. Abbiamo separato con un punto e virgola i resti iniziali, corrispondenti alle cifre dell'antiperiodo, dagli altri resti che costituiscono il blocco che si ripete ciclicamente. Si osservi che l'antiperiodo ha lunghezza 1, il periodo lunghezza 6 dove $\varphi(14) = 6$.

Per finire (v. figura 4.6), due frazioni che danno luogo a rappresentazioni decimali limitate: la poligonale rappresentativa termina in corrispondenza del resto 0. Si tratta delle frazioni $3/20$ e $1/8$ a cui corrispondono le sequenze di resti $\{3, 10; 0\}$ e $\{1, 2, 4; 0\}$.

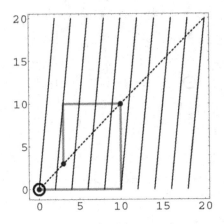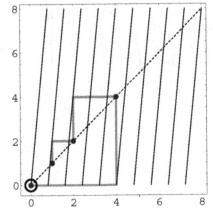

Figura 4.6

La rappresentazione decimale dei numeri razionali può essere vista come il tentativo di esprimere ogni frazione come somma (eventualmente infinita) di frazioni aventi denominatori di tipo assegnato, e precisamente denominatori che siano potenze della base del sistema di numerazione. Può essere interessante osservare che i matematici dell'antico Egitto usavano esprimere ciascuna frazione come somma di frazioni aventi numeratore assegnato, e precisamente numeratore unitario, ad eccezione di alcune semplici frazioni come $2/3$ e $3/4$.

È evidente che ogni frazione n/m può essere scritta nel modo indicato, se si ammette di potere utilizzare più volte uno stesso denominatore: n/m è la somma di n addendi uguali a $1/m$. Vedremo tuttavia che è possibile, e in infiniti modi, esprimere ogni frazione propria come somma di frazioni *unitarie* (cioè con numeratore uguale a 1) e con denominatori distinti. Alcuni esempi:

$$\frac{7}{24} = \frac{1}{6} + \frac{1}{8} = \frac{1}{4} + \frac{1}{24};$$

$$\frac{2}{35} = \frac{1}{21} + \frac{1}{105} = \frac{1}{30} + \frac{1}{42} = \frac{1}{20} + \frac{1}{140} = \frac{1}{18} + \frac{1}{630}.$$

Se si ammette la possibilità di trovare almeno una rappresentazione della frazione n/m come somma di frazioni unitarie con denominatori distinti, ne segue facilmente quanto sopra affermato circa la possibilità di avere infinite rappresentazioni dello stesso tipo. Si verifica subito infatti l'identità

$$\frac{1}{n} = \frac{1}{n+1} + \frac{1}{n(n+1)};$$

se essa viene applicata al più piccolo addendo di una decomposizione in somma di frazioni unitarie, si ottiene un'altra decomposizione dello stesso tipo contenente un addendo in più.

Ad esempio, dalla decomposizione già segnalata $7/24 = 1/6 + 1/8$, segue, applicando l'identità precedente all'addendo $1/8$, l'ulteriore decomposizione

$$\frac{7}{24} = \frac{1}{6} + \frac{1}{9} + \frac{1}{72}.$$

Resta il problema di determinare, per ogni frazione n/m, $0 < n < m$, l'esistenza di almeno una decomposizione del tipo specificato. Il metodo che ora esporremo si trova già, senz'alcuna giustificazione, nell'opera di Fibonacci, e fu riscoperto e analizzato completamente dall'algebrista inglese James Joseph Sylvester (1814-1897).

Sia data la frazione n/m, con $0 < n < m$; definiamo k come il più piccolo numero naturale tale che $1/k$ non supera n/m:

$$k := \min\{r \in \mathbb{N}^* \mid 1/r \le n/m\}.$$

Si osservi che k è il minimo numero naturale per cui $k \ge m/n$, dunque $k = \lceil m/n \rceil$. Per le ipotesi fatte risulta $k \ge 2$. Se da n/m si sottrae $1/k$ si ottiene la frazione

$$\frac{n}{m} - \frac{1}{k} = \frac{kn - m}{km} \ge 0.$$

Se l'ultima frazione scritta è nulla, la procedura è terminata; in caso contrario si ripete la procedura stessa sulla frazione $(kn - m)/(km)$. In modo più formale, abbiamo il seguente

ALGORITMO 4.2 - Riduzione di una frazione propria in somma di frazioni unitarie.

Data la frazione n/m, con $0 < n < m$, si determina una sequenza strettamente crescente di denominatori: $2 \le k_1 < k_2 < \ldots < k_r$, $r \le n$, tale che

$$\frac{n}{m} = \frac{1}{k_1} + \frac{1}{k_2} + \ldots + \frac{1}{k_r}.$$

0. $n \to N,\ m \to M$

1.   finché $N > 0$, ripetere:

1.1 $\lceil M/N \rceil \to K$

1.2   stampare K

1.2 $K \cdot N - M \to N$

1.4 $K \cdot M \to M$

2.   fine.

Resta da dimostrare che l'algoritmo scritto è veramente tale, cioè termina dopo un numero finito di iterazioni del blocco di istruzioni contenuto al passo 1, e precisamente dopo non più di n iterazioni.

Ciò segue facilmente combinando il fatto che il valore iniziale della variabile N è n, e che la sequenza dei valori assunti dalla stessa variabile è strettamente decrescente. Infatti (cfr. istruzione 1.2) si ha

$$K \cdot N - M = \lceil M/N \rceil \cdot N - M < N,$$

come si vede dividendo per N entrambi i membri della disuguaglianza scritta:

$$\lceil M/N \rceil - M/N < 1.$$

L'algoritmo 4.2 si presenta come un algoritmo "avido": ad ogni passo esso sottrae dalla frazione residua la più grande frazione unitaria che non supera la precedente. Tale procedura non produce necessariamente la decomposizione in una somma contenente il numero minimo di addendi. Ad esempio, l'algoritmo 4.2 fornisce la decomposizione

$$\frac{5}{121} = \frac{1}{25} + \frac{1}{757} + \frac{1}{763\,309} + \frac{1}{873\,960\,180\,913} +$$
$$+ \frac{1}{1\,527\,612\,795\,642\,093\,418\,846\,225},$$

ma si ha anche

$$\frac{5}{121} = \frac{1}{25} + \frac{1}{759} + \frac{1}{208\,725}.$$

Sia $x = n/m$, con $n, m \in \mathbb{N}^*$ un numero razionale positivo; nel capitolo 1 abbiamo visto come calcolare il massimo comune divisore tra n e m mediante l'algoritmo euclideo. Posto

$$n_0 := n, \quad n_1 := m,$$

abbiamo definito ricorsivamente la sequenza (q_i) di quozienti e la sequenza (n_i) di resti ponendo

$$q_i := n_{i-1} \operatorname{div} n_i = \lfloor n_{i-1}/n_i \rfloor, \quad n_{i+1} := n_{i-1} \bmod n_i = n_{i-1} - q_i n_i, (8)$$

per $i = 1, 2, \ldots, k$, dove k (lunghezza dell'algoritmo euclideo) è il minimo indice per cui si ha $n_{k+1} = 0$.

Occupiamoci dei quozienti q_i, anziché dei resti n_i. Dalla (8) segue

$$x = \frac{n}{m} = \frac{n_0}{n_1} = q_1 + \frac{n_2}{n_1} = q_1 + \frac{1}{\frac{n_1}{n_2}} = q_1 + \frac{1}{q_2 + \frac{n_3}{n_2}};$$

il procedimento può essere continuato fino ad ottenere

$$x = \frac{n}{m} = q_1 + \cfrac{1}{q_2 + \cfrac{1}{q_3 + \cfrac{\cdots}{\cdots q_{k-1} + \cfrac{1}{q_k}}}}, \tag{9}$$

formula che talvolta, per ragioni di comodità tipografica, viene scritta nella forma

$$x = \frac{n}{m} = q_1 + \frac{1}{q_2} + \frac{1}{q_3} + \ldots + \frac{1}{q_k}. \tag{9'}$$

Un esempio vale più di molte parole. Siano dati i numeri 13 e 8. Allora

$$13 = 1 \cdot 8 + 5 \quad \Longleftrightarrow \quad \frac{13}{8} = 1 + \frac{5}{8}.$$

Possiamo scrivere

$$\frac{13}{8} = 1 + \frac{1}{\dfrac{8}{5}} = 1 + \frac{1}{1 + \dfrac{3}{5}},$$

e così procedendo:

$$\frac{13}{8} = 1 + \frac{1}{1 + \dfrac{3}{5}} = 1 + \frac{1}{1 + \dfrac{1}{\dfrac{5}{3}}} = 1 + \frac{1}{1 + \dfrac{1}{1 + \dfrac{2}{3}}} =$$

$$= 1 + \frac{1}{1 + \dfrac{1}{1 + \dfrac{1}{\dfrac{3}{2}}}} = 1 + \frac{1}{1 + \dfrac{1}{1 + \dfrac{1}{1 + \dfrac{1}{2}}}}$$

A questo punto non possiamo più procedere: nell'ultima frazione scritta il denominatore 2 è multiplo del numeratore 1.

La formula (9) mostra che il numero razionale n/m è individuato dalla sequenza dei quozienti $(q_1, q_2, \ldots, q_k)$; per esprimere il fatto che sussiste l'uguaglianza (9) si scrive

$$x = \frac{n}{m} = [q_1, q_2, \ldots, q_k]. \tag{9''}$$

La (9) si chiama rappresentazione del numero razionale $x = n/m$ mediante una *frazione continua limitata* (o *finita*); gli interi q_i che, salvo al più q_1, sono ≥ 1, si chiamano *quozienti parziali* o *quozienti incompleti*, mentre i numeri razionali

$$c_i := [q_1, q_2, \ldots, q_i] = q_1 + \frac{1}{q_2 +} \frac{1}{q_3 + \ldots +} \frac{1}{q_i}, \quad i = 1, 2, \ldots, k,$$

vengono detti *ridotte* (in inglese: *convergents*) della frazione stessa. Evidentemente $c_k = x$.

Ad esempio, l'algoritmo euclideo applicato alla coppia $(67, 29)$ fornisce i risultati mostrati dalla tabella seguente:

i	n_i	q_i	c_i
0	67	–	–
1	29	2	2
2	9	3	7/3
3	2	4	30/13
4	1	2	67/29

Dunque $67/29 = [2, 3, 4, 2]$. Ecco la situazione relativa alla coppia (21,13):

i	n_i	q_i	c_i
0	21	–	–
1	13	1	1
2	8	1	2
3	5	1	3/2
4	3	1	5/3
5	1	1	8/5
6	1	2	21/13

Dunque $21/13 = [1,1,1,1,1,2]$. Si osservi che 13 e 21 sono due numeri di Fibonacci consecutivi (cfr. esercizio 1.10).

Se l'algoritmo euclideo viene applicato alla frazione n/m con $n < m$, si ottiene $q_1 = 0$, $n_2 = n_0 = n$, dopodiché si ottengono gli stessi quozienti e gli stessi resti che si otterrebbero a partire dalla frazione m/n.

Se ne deduce che se si ha

$$m/n = [q_1, q_2, \ldots, q_k], \quad \text{con } m > n > 0,$$

allora

$$n/m = [0, q_1, q_2, \ldots, q_k].$$

Ad esempio $29/67 = [0,2,3,4,2]$.

Vogliamo stabilire alcune semplici proprietà delle ridotte c_i dello sviluppo in frazione continua di un numero razionale positivo $x = n/m$. Sia dunque

$$x = \frac{n}{m} = [q_1, q_2, \ldots, q_k]$$

lo sviluppo in frazione continua del numero assegnato. Le ridotte

$$c_i := [q_1, q_2, \ldots, q_i], \quad i = 1, 2, \ldots, k,$$

essendo numeri razionali, sono rappresentabili, in un unico modo, sotto forma di frazioni irriducibili con denominatori positivi:

$$c_i = \frac{a_i}{b_i}, \quad a_i \in \mathbb{N}, \ b_i \in \mathbb{N}^*, \quad \mathrm{MCD}(a_i, b_i) = 1, \quad i = 1, 2, \ldots, k. \quad (10)$$

Poiché $c_1 = q_1$, avremo $a_1 = q_1$, $b_1 = 1$.

Teorema 4.2. I numeratori a_i e i denominatori b_i delle ridotte c_i dello sviluppo in frazione continua del numero x sono determinati, noti i quozienti incompleti q_i, dalle formula ricorsive

$$a_{i+1} = q_{i+1} a_i + a_{i-1}, \quad b_{i+1} = q_{i+1} b_i + b_{i-1}, \quad i = 1, 2, \ldots, k-1, \quad (11)$$

avendo posto $a_0 := 1$, $b_0 := 0$.

DIMOSTRAZIONE. Verifichiamo innanzitutto che, per $2 \le i \le k$, i numeri interi a_i e b_i definiti dalle (11) sono primi tra loro, e dunque le frazioni a_i/b_i sono irriducibili.

Moltiplicando la prima delle (11) per b_i, la seconda per a_i e sottraendo, si ottiene

$$a_i\, b_{i+1} - a_{i+1}\, b_i = -(a_{i-1}\, b_i - a_i\, b_{i-1}),$$

dunque quando l'indice i aumenta di un'unità, l'intero $a_i\, b_{i+1} - a_{i+1}\, b_i$ cambia di segno; poiché esso vale 1 per $i = 0$, si deduce

$$a_i\, b_{i+1} - a_{i+1}\, b_i = (-1)^i, \quad i = 1, 2, \ldots, k - 1. \tag{12}$$

Un divisore comune alla coppia (a_i, b_i) dovendo essere anche un divisore del secondo membro di (12), non può essere che 1, e ciò prova la nostra affermazione.

Dimostriamo ora che i numeri a_i e b_i definiti dalle (11) sono, per ogni $i \geq 2$, il numeratore e il denominatore di c_i. Ciò è vero per $i = 2$; infatti

$$c_2 = q_1 + \frac{1}{q_2} = a_1 + \frac{1}{q_2} = \frac{q_2\, a_1 + 1}{q_2} = \frac{q_2\, a_1 + a_0}{q_2\, b_1 + b_0};$$

poiché l'ultima frazione è irriducibile, per quanto appena dimostrato, e il suo denominatore è positivo, ne segue

$$a_2 = q_2\, a_1 + a_0, \quad b_2 = q_2\, b_1 + b_0.$$

Supponiamo ora che, per un certo i compreso tra 2 e $k - 1$, si abbia

$$c_i = \frac{a_i}{b_i} = \frac{q_i\, a_{i-1} + a_{i-2}}{q_i\, b_{i-1} + b_{i-2}},$$

e verifichiamo che una formula analoga vale anche per l'indice $i + 1$.

Tenendo presente che c_{i+1} si ottiene da c_i sostituendo nell'espressione di quest'ultimo q_i con $q_i + 1/q_{i+1}$, si ha

$$c_{i+1} = \frac{(q_i + 1/q_{i+1})\, a_{i-1} + a_{i-2}}{(q_i + 1/q_{i+1})\, b_{i-1} + b_{i-2}} = \frac{a_i + a_{i-1}/q_{i+1}}{b_i + b_{i-1}/q_{i+1}} =$$

$$= \frac{q_{i+1}\, a_i + a_{i-1}}{q_{i+1}\, b_i + b_{i-1}}.$$

Il teorema è dunque dimostrato. ◁□

Il risultato ottenuto si può tradurre in forma di algoritmo:

ALGORITMO 4.3 - Calcolo delle ridotte dello sviluppo di un numero razionale positivo in frazione continua limitata.

Dato il numero razionale positivo $x := n/m$, con $n, m \in \mathbb{N}^*$, si calcolano le ridotte $c_i, i = 1, 2, \ldots, k$, del suo sviluppo in frazione continua (cfr. (11)).

0. $n \to XV$, $m \to XN$

1. $1 \to AV$, $0 \to BV$, $1 \to BN$

2. XV div $XN \to AN$

3.   stampare AN

4. XV mod $XN \to R$

5. $XN \to XV$

6. $R \to XN$

7.   finché $XN > 0$, ripetere:

7.1 XV div $XN \to Q$

7.2 XV mod $XN \to R$

7.3 $XN \to XV$

7.4 $R \to XN$

7.5 $Q \cdot AN + AV \to R$

7.6 $AN \to AV$

7.7 $R \to AN$

7.8 $Q \cdot BN + BV \to R$

7.9 $BN \to BV$

7.10 $R \to BN$

7.11   stampare Q, AN, BN

8.   fine.

Abbiamo già utilizzato l'algoritmo appena descritto per il calcolo delle ridotte dei numeri $67/29$ e $21/13$.

Vogliamo utilizzare il teorema precedentemente dimostrato, in particolare la seconda delle formule (11)

$$b_{i+1} = q_{i+1} b_i + b_{i-1}, \quad i = 1, 2, \ldots, k-1,$$

per verificare una relazione tra i denominatori b_i delle ridotte c_i dello sviluppo in frazione continua di $x = n/m$ e i numeri di Fibonacci F_i. Ricordiamo (cfr. esercizio 1.10) che si è posto

$$F_0 := 0, \quad F_1 := 1, \quad F_{i+1} := F_i + F_{i-1}, \quad \text{per } i \geq 1.$$

Supponiamo che sia $x > 1$ e dunque i quozienti incompleti q_i siano tutti ≥ 1, compreso q_1. Si ha allora

$$b_i \geq F_i, \quad \text{per } i = 0, 1, \ldots, k, \tag{13}$$

dove k è, come in precedenza, la lunghezza dell'algoritmo euclideo applicato alla coppia (n, m), cioè il numero di quozienti che compaiono nello sviluppo (9) di x in frazione continua limitata.

La (13) è verificata per $i = 0$ e $i = 1$, essendo

$$b_0 = F_0 = 0, \quad b_1 = F_1 = 1.$$

Supponiamo che la (13) stessa sia verificata per tutti gli indici da 0 fino ad un certo $i < k$; allora

$$b_{i+1} = q_{i+1} b_i + b_{i-1} \geq b_i + b_{i-1} \geq F_i + F_{i-1} = F_{i+1}.$$

Peraltro la (13) per $i = k$ non è la migliore stima possibile. Infatti il quoziente q_k non può essere 1, ma è necessariamente ≥ 2. Poiché q_k si ottiene dividendo n_{k-1} per n_k, ottenendo il resto $n_{k+1} = 0$, cioè

$$n_k = q_k n_{k-1},$$

se fosse $q_k = 1$, si avrebbe $n_k = n_{k-1}$, mentre per costruzione $n_k < n_{k-1}$.

Dunque

$$
\begin{aligned}
b_k = q_k\, b_{k-1} + b_{k-2} &\geq \\
&= 2b_{k-1} + b_{k-2} \geq 2F_{k-1} + F_{k-2} = \\
&= F_{k-1} + F_{k-1} + F_{k-2} = F_{k-1} + F_k = \\
&= F_{k+1}.
\end{aligned}
$$

Per $i = k$ la (13) deve dunque essere sostituita dalla

$$ b_k \geq F_{k+1}. \tag{13'} $$

Vogliamo ora dedurre dai risultati ottenuti una stima relativa alla lunghezza k dell'algoritmo euclideo applicato alla coppia (n, m) nell'ipotesi che sia $n > m > 0$. Concentriamo la nostra attenzione sul minore dei due numeri dati, cioè m. Da quanto abbiamo dimostrato, si ha $n/m = c_k = a_k/b_k$, dove la frazione a_k/b_k è ridotta ai minimi termini; ne segue, in virtù della (13')

$$ m \geq b_k \geq F_{k+1}. \tag{14} $$

Il risultato espresso dalla (14) fu ottenuto nel 1844 dal francese Gabriel Lamé; lo formuliamo sotto forma di

Teorema 4.3. Se l'algoritmo euclideo applicato alla copppia (n, m), dove si suppone che sia $n > m > 0$, ha lunghezza k, allora necessariamente $m \geq F_{k+1}$.

Ad esempio, se l'algoritmo euclideo, applicato ad una coppia (n, m) verificante le ipotesi del teorema, ha lunghezza 5, necessariamente $m \geq F_6 = 8$.

Il risultato contenuto nel teorema precedente non è migliorabile, in quanto già sappiamo che l'algoritmo euclideo, applicato alla coppia (F_{k+2}, F_{k+1}), ammette lunghezza k (cfr. esercizio 1.10).

Per ottenere una maggiorazione della lunghezza dell'algoritmo euclideo, conviene introdurre la successione (f_n) definita ponendo

$$ f_n := F_{n+1}, \quad \text{per } n \geq 1; $$

si tratta semplicemente della successione di Fibonacci considerata a partire dal termine F_2. La (13') si riscrive

$$ b_k \geq f_k. $$

La successione (f_n) è definita ricorsivamente dalle uguaglianze

$$ f_1 := 1, \quad f_2 := 2, \quad f_{n+2} := f_n + f_{n+1}, \text{ per } n \geq 1. $$

Per tale successione si dimostrano le proprietà (cfr. esercizio 4.8):

i) $f_{n+5} > 10\, f_n$;

ii) per $5h < n \leq 5(h + 1)$, f_n ha almeno $h + 1$ cifre decimali:

$$ f_n \geq 10^h. $$

Se k, come in precedenza, è la lunghezza dell'algoritmo euclideo applicato alla coppia (n, m), dove si suppone $0 < m < n$, allora per un h naturale opportuno si ha

$$5h < k \leq 5(h + 1),$$

dunque f_k ha almeno $h + 1$ cifre decimali. In virtù delle (13') e (14) lo stesso varrà per m, vale a dire

$$h + 1 \leq (\text{numero di cifre decimali di } m),$$

da cui

$$k \leq 5(h + 1) \leq 5 \, (\text{numero di cifre decimali di } m).$$

A parole: la lunghezza dell'algoritmo euclideo applicato alla coppia (n, m), dove si suppone $0 < m < n$, non supera cinque volte il numero di cifre decimali di m.

Riprendiamo lo studio delle proprietà delle ridotte c_i dello sviluppo in frazione continua limitata di un numero razionale $x = n/m$. Sia dunque

$$x = \frac{n}{m} = [q_1, q_2, \ldots, q_k]$$

lo sviluppo in frazione continua del numero assegnato. Per le ridotte

$$c_i := [q_1, q_2, \ldots, q_i], \quad i = 1, 2, \ldots, k,$$

abbiamo utilizzato la rappresentazione

$$c_i = a_i/b_i, \quad a_i \in \mathbb{N}, \ b_i \in \mathbb{N}^*, \quad \text{MCD}(a_i, b_i) = 1, \ i = 1, 2, \ldots, k.$$

Nell'ambito del teorema 4.2 abbiamo dimostrato le formule ricorsive (11):

$$a_{i+1} = q_{i+1} \, a_i + a_{i-1}, \quad b_{i+1} = q_{i+1} \, b_i + b_{i-1}, \quad i = 1, 2, \ldots, k - 1,$$

avendo posto $a_0 := 1$, $b_0 := 0$, nonché l'uguaglianza (12):

$$a_i \, b_{i+1} - a_{i+1} \, b_i = (-1)^i, \quad i = 1, 2, \ldots, k - 1.$$

Riscriviamo le (11) con $i + 1$ al posto di i:

$$a_{i+2} = q_{i+2} \, a_{i+1} + a_i, \quad b_{i+2} = q_{i+2} \, b_{i+1} + b_i;$$

moltiplicando la prima uguaglianza per b_i, la seconda per a_i e sottraendo, si ottiene

$$\begin{aligned} a_i \, b_{i+2} - a_{i+2} \, b_i &= q_{i+2} \, (a_i \, b_{i+1} - a_{i+1} \, b_i) = \\ &= (-1)^i \, q_{i+2}, \quad i = 1, 2, \ldots, k - 2. \end{aligned} \tag{15}$$

Dividendo la (12) per $b_i \, b_{i+1}$ e la (15) per $b_i \, b_{i+2}$, si ottengono le uguaglianze

$$c_i - c_{i+1} = \frac{a_i}{b_i} - \frac{a_{i+1}}{b_{i+1}} = \frac{(-1)^i}{b_i \, b_{i+1}}, \quad i = 1, 2, \ldots, k - 1, \tag{16}$$

$$c_i - c_{i+2} = \frac{a_i}{b_i} - \frac{a_{i+2}}{b_{i+2}} = \frac{(-1)^i \, q_{i+2}}{b_i \, b_{i+2}}, \quad i = 1, 2, \ldots, k - 2. \tag{17}$$

Teorema 4.4. Per le ridotte dello sviluppo in frazione continua di $x = n/m$ si ha:

i) le ridotte di indice dispari c_{2i+1} crescono strettamente, mentre le ridotte di indice pari c_{2i} decrescono strettamente, al crescere dell'indice i;

ii) ogni ridotta di indice dispari è minore di ogni ridotta di indice pari;

iii) x è maggiore di ogni ridotta di indice dispari e minore di ogni ridotta di indice pari (salvo essere uguale all'ultima ridotta di indice pari o dispari, secondo la parità di k).

DIMOSTRAZIONE. Dalla (17), per la positività dei quozienti q_{i+2}, segue che la differenza $c_i - c_{i+2}$ è positiva se i è pari, negativa se i è dispari. Dalla (16) segue che la differenza $c_i - c_{i+1}$ è positiva se i è pari, quindi ogni ridotta di indice pari è maggiore della ridotta di indice immediatamente successivo: $c_2 > c_3, c_4 > c_5, \ldots$. Se la ii) fosse falsa, avremmo $c_{2i} \leq c_{2j+1}$ per certi indici i e j; per la i) avremmo $c_{2i} \geq c_{2i+1} > c_{2j+1}$ se $i > j$, $c_{2i} > c_{2j} \geq c_{2j+1}$ in caso contrario; in entrambi i casi una contraddizione con l'ipotesi ammessa.

Finalmente iii) segue da quanto già dimostrato, esaminando separatamente il caso k pari e il caso k dispari.   ◁□

Si osservi che, dal teorema dimostrato, segue che, se k è pari, allora

$$c_{2i+1} < x = c_k < c_{2j},$$

dove gli indici $2i + 1$ e j sono minori di k; analogamente, se k è dispari,

$$c_{2j} < x = c_k < c_{2i+1}.$$

Riprendiamo la tabella relativa alla coppia $(21, 13)$, aggiungendo due colonne che mostrano le differenze tra le ridotte e il numero $x = 21/13$ nonché i valori assoluti delle stesse differenze:

i	n_i	q_i	c_i	$c_i - x$	$|c_i - x|$
0	21	–	–	–	–
1	13	1	1	$-8/13$	$0.615384\ldots$
2	8	1	2	$5/13$	$0.384615\ldots$
3	5	1	$3/2$	$-3/26$	$0.115384\ldots$
4	3	1	$5/3$	$2/39$	$0.051282\ldots$
5	1	1	$8/5$	$-1/65$	$0.015384\ldots$
6	1	2	$21/13$	0	0

L'esempio appena mostrato suggerisce un altro importante risultato, e cioè il fatto che ogni ridotta approssima x meglio di quelle di indice inferiore, vale a dire la sequenza degli errori

$$i \mapsto |x - c_i|, \quad i = 1, 2, \ldots, k$$

è strettamente decrescente (e vale 0 per $i = k$).

Per ottenere tale risultato conviene introdurre, accanto ai quozienti incompleti q_i, certi numeri razionali x_i, che chiameremo *quozienti completi*, definiti in modo tale che, se nell'espressione che fornisce la ridotta c_i si scrive x_i al posto di q_i, si ottiene il valore $x = n/m$ del numero di partenza.

Poiché $c_1 = q_1$, dobbiamo necessariamente porre

$$x_1 := x,$$

da cui $q_1 = \lfloor x_1 \rfloor$. Supponiamo ora, per induzione, di aver definito i quozienti completi fino ad un certo indice $i < k$, e di voler definire x_{i+1}. Poiché l'espressione $[q_1, \ldots, q_i, q_{i+1}]$ per c_{i+1} si ottiene da $[q_1, \ldots, q_i]$ sostituendo in quest'ultima q_i con $q_i + 1/q_{i+1}$, analogamente nella doppia uguaglianza

$$x = [q_1, \ldots, q_{i-1}, x_i] = [q_1, \ldots, q_i, x_{i+1}]$$

l'ultima espressione si deve ottenere dalla precedente scrivendo $q_i + 1/x_{i+1}$ al posto di x_i. Ne segue che si deve avere $x_i = q_i + 1/x_{i+1}$, e dunque

$$x_{i+1} := \frac{1}{x_i - q_i}.$$

Lasciamo al lettore la verifica del fatto che $q_i = \lfloor x_i \rfloor$ per ogni i e che $x_i > 1$ per $i > 1$.

Poiché c_{i+1} si ottiene come rapporto tra $q_{i+1} a_i + a_{i-1}$ e $q_{i+1} b_i + b_{i-1}$, avremo, per il modo stesso con cui i quozienti completi sono stati definiti,

$$x = \frac{x_{i+1} a_i + a_{i-1}}{x_{i+1} b_i + b_{i-1}}, \quad i = 1, 2, \ldots, k - 1. \tag{18}$$

Teorema 4.5. La sequenza degli errori

$$i \mapsto |x - c_i|, \quad i = 1, 2, \ldots, k$$

è strettamente decrescente (e vale 0 per $i = k$).

DIMOSTRAZIONE. Dall'uguaglianza (18) si deduce

$$x (x_{i+1} b_i + b_{i-1}) = x_{i+1} a_i + a_{i-1}$$

che si può anche scrivere

$$x_{i+1} (x b_i - a_i) = -x b_{i-1} + a_{i+1} = -b_{i-1} \left(x - \frac{a_{i-1}}{b_{i-1}} \right).$$

Dividendo per $x_{i+1} b_i$ si ottiene

$$x - \frac{a_{i-1}}{b_{i-1}} = \frac{b_{i-1}}{x_{i+1} b_i} \left(x - \frac{a_{i-1}}{b_{i-1}} \right),$$

cioè

$$x - c_i = -\frac{b_{i-1}}{x_{i+1} b_i} (x - c_{i-1}).$$

Ma $x_{i+1} > 1$, dunque $|x_{i+1} b_i| > |b_i| > b_{i-1}|$, da cui, prendendo i valori assoluti nell'uguaglianza precedente, $|x - c_i| > |x - c_{i-1}|$. ◁ ◻

Da quanto dimostrato segue che, per ogni $i < k$, il numero x è più prossimo a c_{i+1} che a c_i, dunque (cfr. (16))

$$\frac{1}{2b_i\,b_{i+1}} < |x - c_i| < \frac{1}{b_i\,b_{i+1}}. \tag{19}$$

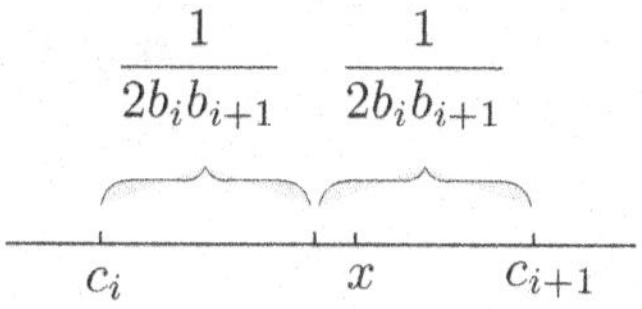

Figura 4.7 Per ogni $i < k$, il numero x è più prossimo a c_{i+1} che a c_i.

Sia ora a/b, con a e b interi e $b > 0$, un numero razionale strettamente contenuto nell'intervallo di estremi c_i e c_{i+1}; vogliamo dimostrare che il denominatore b è necessariamente maggiore di b_{i+1}.

Si avrà infatti

$$c_i = \frac{a_i}{b_i} < \frac{a}{b} < \frac{a_{i+1}}{b_{i+1}} = c_{i+1},$$

se i è dispari, oppure

$$c_{i+1} = \frac{a_{i+1}}{b_{i+1}} < \frac{a}{b} < \frac{a_i}{b_i} = c_i$$

se i è pari; in entrambi i casi si ha, in base alla (16),

$$0 < \left|\frac{a}{b} - \frac{a_i}{b_i}\right| = \left|\frac{ab_i - ba_i}{b\,b_i}\right| < \left|\frac{a_{i+1}}{b_{i+1}} - \frac{a_i}{b_i}\right| = \frac{1}{b_i b_{i+1}}.$$

Moltiplicando per $b\,b_i$ si ottiene

$$0 < |ab_i - ba_i| < \frac{b}{b_{i+1}}$$

quindi $b > b_{i+1}$ in quanto $ab_i - ba_i$ è un intero. Sostituendo i a $i+1$, possiamo riassumere la discussione precedente mediante il

Corollario. Ogni ridotta $c_i = a_i/b_i$ dello sviluppo in frazione continua del numero x approssima x stesso meglio di ogni numero razionale avente denominatore non superiore a b_i.

Il risultato ottenuto suggerisce di esaminare il problema dell'approssimazione del numero $x = n/m$ (che possiamo supporre positivo e rappresentato da una frazione ridotta ai minimi termini) mediante frazioni con denominatore minore di m. Per ogni fissato b, con $1 \le b < m$, esiste un ben determinato a tale che

$$\frac{a}{b} < \frac{n}{m} < \frac{a+1}{m}; \tag{20}$$

le disuguaglianze scritte essendo equivalenti a

$$a < \frac{nb}{m} < a + 1,$$

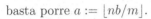
basta porre $a := \lfloor nb/m \rfloor$.

Dato il numero razionale positivo $x = n/m$, con n e m primi tra loro, possiamo definire, per ogni intero b con $1 \le b < m$, la quantità

$$\delta(x; b) := \min\{|x - a/b| \mid a \in \mathbb{N}\};$$

essa fornisce la minima distanza tra x e i numeri razionali rappresentabili mediante frazioni con denominatore b. Dalla (20) segue subito

$$\delta(x; b) < \frac{1}{b}, \quad 1 \le b < m. \tag{21}$$

Ovviamente, per il calcolo di $\delta(x; b)$ basta esaminare le frazioni che compaiono nella (20). Ad esempio, volendo approssimare $2/5$ con frazioni aventi denominatore 3, si osserva che

$$\frac{1}{3} < \frac{2}{5} < \frac{2}{3};$$

delle due frazioni con denominatore 3 la più prossima a $2/5$ è $1/3$, quindi

$$\delta(2/5; 3) = 2/5 - 1/3 = 1/15.$$

Per il calcolo analogo con $b = 4$ si osserva che

$$\frac{1}{4} < \frac{2}{5} < \frac{2}{4} = \frac{1}{2};$$

da cui segue

$$\delta(2/5; 4) = 1/2 - 2/5 = 1/10 > \delta(2/5; 3).$$

Come si vede, per x fissato, la funzione $b \mapsto \delta(x; b)$ non è necessariamente decrescente al crescere di b.

Il corollario precedentemente dimostrato si può riformulare utilizzando la funzione δ: se $1 \le b \le b_i$, dove b_i, come in precedenza, è il denominatore della ridotta c_i dello sviluppo di $x = n/m$ in frazione continua, allora

$$\delta(x; b_i) \le \delta(x; b).$$

Diremo che a/b è una "buona approssimazione" di $x = n/m$ mediante frazioni con denominatore non superiore ad un assegnato $bmax$, se sono verificate le seguenti condizioni:

i) $b \le bmax$;

ii) $\left| \dfrac{a}{b} - \dfrac{n}{m} \right| \le \left| \dfrac{a'}{b'} - \dfrac{n}{m} \right|$, per ogni frazione a'/b' con $0 < b' \le bmax$;

iii) $\left| \dfrac{a}{b} - \dfrac{n}{m} \right| < \dfrac{1}{bmax}$.

La i) afferma semplicemente che la nostra frazione rispetta il vincolo imposto sui denominatori; la ii) si può riscrivere

$$|a/b - n/m| = \min_{1 \le b' \le b} \delta(x; b');$$

infine la iii) significa che l'approssimazione fornita da a/b è dell'ordine di grandezza che ci si aspetta da frazioni con denominatore non superiore a $bmax$ (cfr. (21)).

Il corollario ci fornisce un mezzo semplice per la determinazione di una buona approssimazione di $x = n/m$. Supponendo, come al solito, che la frazione n/m sia ridotta ai minimi termini e che $bmax < m$, si determina l'indice $i < k$ (lunghezza della frazione continua generata da x) tale che

$$b_i \le bmax < b_{i+1}.$$

Allora $c_i = a_i/b_i$ è una buona approssimazione di x con denominatore non superiore a $bmax$.

ALGORITMO 4.4 - Calcolo di una buona approssimazione di $x = n/m$ mediante frazioni con denominatore non superiore a $bmax < m$.

Dato $x = n/m$, con n e m primi tra loro, e assegnato $bmax$, con $1 \le bmax < m$, si calcola una buona approssimazione di x mediante una frazione con denominatore non superiore a $bmax$.

 0. $n \to XV$, $m \to XN$, $bmax \to BMAX$

 1. $1 \to AV$, $0 \to BV$, $1 \to BN$

 2. XV div $XN \to AN$

 3. XV mod $XN \to R$

 4. $XN \to XV$

 5. $R \to XN$

 6.   finché $BN \le BMAX$, ripetere:

 6.1 XV div $XN \to Q$

 6.2 XV mod $XN \to R$

 6.3 $XN \to XV$

 6.4 $R \to XN$

 6.5 $Q \cdot AN + AV \to R$

 6.6 $AN \to AV$

 6.7 $R \to AN$

 6.8 $Q \cdot BN + BV \to R$

 6.9 $BN \to BV$

 6.10 $R \to BN$

 7.   stampare AV, BV

 8.   fine

Si osservi che, se si pone $bmax = 1$, l'algoritmo fornisce la "buona approssimazione" $q_1/1 = q_1 = \lfloor n/m \rfloor$.

In generale si avrà $b_i < bmax$; non è dunque escluso che, tra le frazioni con denominatore b compreso tra b_i e $bmax$ ve ne sia una più vicina a x di

c_i. Ad esempio, per $x = 7/6$ e $bmax = 5$, l'algoritmo precedente fornisce l'approssimazione $1/1 = 1$, che differisce $1/6$ da x, mentre $6/5$ differisce $1/30$ da x.

Si pone il problema di determinare un'*approssimazione ottima* di x mediante frazioni con denominatore non superiore a $bmax$, cioè il problema della determinazione del minimo della funzione $b \mapsto \delta(x; b)$ per $1 \leq b \leq bmax$. Se già si conosce una buona approssimazione con denominatore $b_i < bmax$, è sufficiente studiare la funzione in questione per $b_i < b \leq bmax$.

Come ultimo risultato diamo, senza troppe spiegazioni, un algoritmo che determina un'approssimazione ottima di $x = n/m$ con frazioni aventi denominatore non superiore a $bmax < m$ a partire da una buona approssimazione relativa allo stesso valore di $bmax$, approssimazione che possiamo supporre di aver determinato con l'algoritmo precedente.

Non è restrittivo supporre che sia $x < 1$; se così non è, si scrive x nella forma $x = q + r/m$, dove q e r sono quoziente e resto della divisione euclidea di n per m, e si risolve il problema dell'approssimazione di r/m mediante frazioni con denominatore non superiore a $bmax$.

ALGORITMO 4.5 - Calcolo di un'approssimazione ottima di $x = n/m$ mediante frazioni con denominatore non superiore a $bmax < m$.

Dato $x = n/m$, con n e m primi tra loro, assegnato $bmax$, con $1 \leq bmax < m$, e una buona approssimazione a/b di n/m, con $1 \leq b < bmax$, si calcola un'approssimazione ottima di x mediante una frazione con denominatore non superiore a $bmax$.

0. $n \to N,\ m \to M,\ a \to Y,\ b \to X,\ bmax \to BMAX$

1. $N \cdot X - M \cdot Y \to S$

2. $S/(M \cdot X) \to DMIN$

3. finché $X \leq BMAX$, ripetere:

3.1   se $S \geq 0$

      allora:

3.1.1. $Y + 1 \to Y$

3.1.2 $S - M \to M$

3.1.3 $S/(M \cdot X) \to D$

3.1.4   se $|D| < |DMIN|$, allora

3.1.4.1 $D \to DMIN$

3.1.4.2   stampare Y, X, D

      altrimenti:

3.1.5 $X + 1 \to X$

3.1.6 $S + N \to S$

3.1.7 $S/(M \cdot X) \to D$

3.1.8   se $|D| < |DMIN|$, allora

3.1.8.1	$D \to DMIN$
3.1.8.2	stampare Y, X, D
4.	fine

Si può ottenere una comprensione intuitiva dell'algoritmo precedente osservando la figura 4.8, relativa all'approssimazione del numero 9/13 con frazioni aventi denominatori non superiori a 11, a partire dalla buona approssimazione 2/3 fornita dall'algoritmo 4.4.

Il numero 9/13 è rappresentato dal punto $(13, 9)$: poiché 9 è primo rispetto a 13, il segmento congiungente l'origine con il punto $(13, 9)$, la cui pendenza è 9/13, non incontra punti a coordinate entrambe intere.

A partire dal punto $(3, 2)$, che rappresenta la frazione 2/3, il punto (X, Y) descrive una spezzata costruita in base al seguente criterio: se il punto (X, Y) è al disotto del segmento già considerato (dunque $S = N \cdot X - M \cdot Y < 0$), allora si incrementa Y di un'unità, se invece è al disopra (dunque $S = N \cdot X - M \cdot Y > 0$), si incrementa X di un'unità; tutto ciò viene ripetuto fino a che X raggiunge il valore $bmax = 11$.

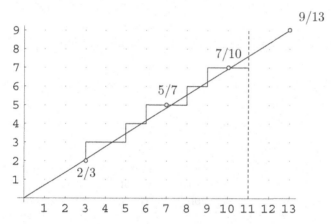

Figura 4.8 Approssimazione ottima del numero 9/13 mediante frazioni con denominatore non superiore a 11; a partire dalla buona approssimazione 2/3 si ottiene l'approssimazione ottima 7/10.

Le coordinate di ogni punto in corrispondenza del quale la differenza $|9/13 - Y/X|$ attinge un nuovo minimo vengono stampate, unitamente al valore della differenza

$$D = \frac{9}{13} - \frac{Y}{X} = \frac{S}{M \cdot X};$$

l'ultimo punto relativamente al quale si stampano i dati sopra indicati, cioè 7/10, fornisce l'ottimo cercato.

Naturalmente, non è escluso che, nel corso del precedente algoritmo, non vengano stampati i dati di alcun nuovo punto: ciò significa semplicemente che la buona approssimazione da cui si era partiti è, al tempo stesso, l'approssimazione ottima relativamente all'insieme delle frazioni con denominatori non superiori a $bmax$.

Concludiamo il capitolo accennando brevemente allo sviluppo in frazione continua di un numero irrazionale $x \in \mathbb{R} \setminus \mathbb{Q}$. Analogamente a quanto abbiamo fatto nel caso di x razionale possiamo porre

$$x_1 := x, \quad q_1 := \lfloor x \rfloor, \tag{22}$$

da cui $0 < x_1 - q_1 < 1$; si osservi che la differenza $x_1 - q_1$ è irrazionale. Possiamo allora porre

$$x_2 := \frac{1}{x_1 - q_1}, \quad q_2 := \lfloor x_2 \rfloor.$$

In generale, per ogni $n \geq 1$ possiamo porre

$$x_{n+1} := \frac{1}{x_n - q_n}, \qquad q_{n+1} := \lfloor x_{n+1} \rfloor; \tag{23}$$

ciascun x_n essendo irrazionale si ha, per ogni n, $0 < x_i - q_i < 1$, dunque le definizioni poste sono corrette.

In definitiva al numero irrazionale x sono state associate due successioni (q_n) e (x_n), $n \in \mathbb{N}^*$, la prima di numeri interi, la seconda di numeri irrazionali, tali che

$$\forall n \geq 2 \, (q_n \in \mathbb{N}^* \wedge x_n > 1).$$

Scriveremo, in analogia con la (9''),

$$x = [q_1, q_2, \ldots, q_n, \ldots], \tag{24}$$

dove il significato preciso dell'uguaglianza scritta verrà chiarito tra breve.

Diremo che la (24) rappresenta lo sviluppo in *frazione continua illimitata* del numero irrazionale x; gli interi q_n verranno ancora chiamati *quozienti incompleti*, mentre i numeri irrazionali x_n verranno detti *quozienti completi*. Le *ridotte* (o *convergenti*) sono, come in precedenza, i numeri razionali

$$c_n := [q_1, q_2, \ldots, q_n], \quad n \in \mathbb{N}^*.$$

Un notevole risultato stabilito da J.L. Lagrange nel 1770 afferma che la successione (q_n) è periodica se e solo se x è un *irrazionale quadratico*, cioè se esso è soluzione di un'equazione di secondo grado a coefficienti interi. Un paio di esempi:

$$\sqrt{2} = [1, 2, 2, 2, \ldots] = [1, \overline{2}], \qquad \frac{1 + \sqrt{5}}{2} = [1, 1, 1, 1, \ldots] = [1, \overline{1}].$$

Abbiamo appena considerato il cosiddetto *rapporto aureo*, numero a cui tende la successione F_{n+1}/F_n dei rapporti tra ciascun numero di Fibonacci e il numero precedente.

Per ottenere tali risultati basta applicare le formule (22) e (23). Nel caso di $\sqrt{2}$ si ha

$$x_1 = \sqrt{2} = 1.41\ldots \quad \Longrightarrow \quad q_1 = 1;$$

successivamente

$$x_2 = \frac{1}{\sqrt{2}-1} = \sqrt{2}+1 = 1.41\ldots \quad \Longrightarrow \quad q_2 = 2.$$

Finalmente

$$x_3 = \frac{1}{\sqrt{2}+1-2} = \frac{1}{\sqrt{2}-1} = x_2;$$

a questo punto, essendo $x_3 = x_2$, è inutile proseguire ulteriormente. Per le ridotte dello sviluppo ottenuto abbiamo

$$1, \quad \frac{3}{2}, \quad \frac{7}{5}, \quad \frac{17}{12}, \quad \frac{41}{29}, \quad \frac{99}{70}, \quad \frac{239}{169}, \quad \frac{577}{408}, \quad \ldots$$

Il secondo esempio è altrettanto facile e viene lasciato come esercizio per il lettore.

Una conseguenza del teorema di Lagrange è che i numeri *trascendenti* (cioè quelli che non sono soluzione di alcuna equazione algebrica a coefficienti interi) hanno necessariamente sviluppi in frazioni continue illimitate non periodiche. Ad esempio, Eulero trovò per il numero e lo sviluppo

$$e = [2,1,2,1,1,4,1,1,6,1,1,8,1,1,10,1,1,\ldots].$$

L'analogo sviluppo per π non mostra alcuna apparente regolarità:

$$\pi = [3,7,15,1,292,1,1,1,2,1,3,1,14,2,1,\ldots].$$

Quanto al significato da attribuire alla (24), esso è chiarito dal seguente

Teorema 4.6. Sia (c_n) la successione delle ridotte dello sviluppo in frazione continua del numero irrazionale x. Allora la successione (c_{2n}) delle ridotte di indice pari è strettamente decrescente, la successione (c_{2n-1}) delle ridotte di indice dispari è strettamente crescente ed entrambe convergono ad x per $n \to \infty$.

Le frazioni continue sono, per così dire, nascoste anche in oggetto di uso quotidiano. Un normale foglio per fotocopiatrice segue il formato UNI A4 che corrisponde a 210×297 mm. Dunque la forma di tale foglio è individuata dal rapporto

$$\frac{297}{210} = \frac{99}{70}.$$

Come già sappiamo, si tratta della ridotta di indice 5 dello sviluppo di $\sqrt{2}$:

$$\frac{99}{70} = [1,2,2,2,2,2].$$

Dunque un foglio Uni A4 rappresenta, con buona approssimazione, un rettangolo *normale*, cioè un rettangolo in cui il rapporto tra lato lungo e lato corto vale $\sqrt{2}$. I rettangoli normali sono caratterizzati dal fatto che se si piegano in due, seguendo la retta che congiunge i punti medi dei due lati lunghi, si ottengono due rettangoli simili a quello iniziale.

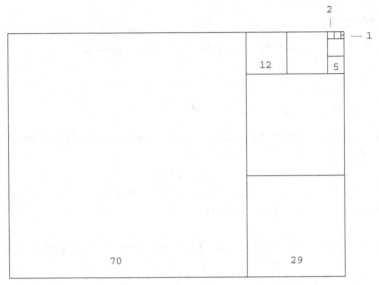

Figura 4.9 Rappresentazione grafica della scomposizione in frazione continua della frazione 99/70.

Infatti, se indichiamo con x il rapporto tra il lato lungo e il lato corto, la condizione appena espressa si traduce nell'equazione $x = 2/x$.

Un'interessante interpretazione geometrica dello sviluppo in frazione continua di un numero reale x fu data nel 1897 da Felix Klein. Supponiamo x positivo e segniamo, nel primo quadrante del piano cartesiano i punti a coordinate entrambe intere. Possiamo immaginare che in tali punti siano fissati dei pioli. Se x è irrazionale la retta passante per l'origine e avente x come coefficiente angolare non contiene alcun punto a coordinate intere. Immaginiamo che su tale retta sia teso un filo, fisso in un punto infinitamente lontano della retta stessa; tenendo il filo teso, spostiamo il capo che si trova nell'origine verso sinistra: il filo si appoggia su certi pioli posti sopra la retta considerata, mentre se spostiamo lo stesso capo verso destra esso si appoggia a certi pioli posti sotto la retta. Questi pioli corrispondono nel primo caso, alle ridotte di indice pari, nel secondo caso alle ridotte di indice dispari dello sviluppo di x in frazione continua. La figura 4.10 mostra ciò relativamente al rapporto aureo $(1 + \sqrt{5})/2$.

Per concludere, diamo alcune indicazioni circa l'utilizzo dei sistemi di calcolo algebrico. *Derive* dispone di alcune utili funzioni per il trattamento delle frazioni continue; ad esempio il comando CONTINUED_FRACTION(x,n) restituisce un vettore contenente i primi $n + 1$ quozienti parziali dello sviluppo in frazione continua del numero reale x, mentre CONVERGENT(x,k) fornisce la ridotta di indice k, cioè, con i simboli di questo testo, c_k.

Il sistema Maple, dopo aver digitato il comando > with(numtheory);, dispone del comando cfrac dotato di varie opzioni; ad esempio cfrac(x)

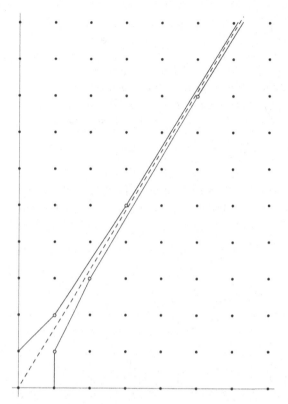

Figura 4.10 Diagramma di Klein relativo allo sviluppo in frazione continua del numero $(1 + \sqrt{5})/2$.

fornisce lo sviluppo completo in frazione continua se x è un numero razionale, mentre fornisce (di default) lo sviluppo arrestato alle prime 11 frazioni se x è irrazionale.

Il comando `cfrac(x,n)` fornisce lo sviluppo arrestato alle prime $n + 1$ frazioni; nella forma `cfrac(x,n,'quotient')` esso fornisce le ridotte fino all'indice n; nella forma `cfrac(x,'periodic')` fornisce, nel caso di un irrazionale quadratico x, lo sviluppo in frazione continua che mette in evidenza il periodo, e finalmente, sempre per un irrazionale quadratico x, nella forma `cfrac(x,'periodic','quotient')` fornisce lo sviluppo sotto forma di due liste (con la prima eventualmente vuota) in cui la prima rappresenta l'antiperiodo e la seconda il periodo.

In *Mathematica* si può caricare il package

`NumberTheory`ContinuedFractions``

con il comando `<<NumberTheory`ContinuedFractions``: una volta fatto ciò si hanno a disposizione vari comandi, tra cui `ContinuedFraction[x,n]` per il calcolo dei primi n quozienti parziali dello sviluppo di x; se `cf` è l'output della funzione precedente, allora `Convergents[cf]` fornisce le corrispondenti

ridotte.

Un utilizzo (in un certo senso nascosto) delle frazioni continue è contenuto nel comando `Rationalize`: digitando `Rationalize[x,tol]` si ottiene un'approssimazione razionale del numero reale x con errore inferiore a `tol`. Ad esempio `Rationalize[Sqrt[2], 10^(-3)]` fornisce 41/29, mentre `Rationalize[Sqrt[2],10^(-5)]` fornisce 577/408; come si vede, si hanno sistematicamente ridotte dello sviluppo in frazione continua del numero $\sqrt{2}$.

Segnaliamo ancora che con il comando

`PeriodicForm[RealDigits[n/m,b],b]`

è possibile ottenere lo sviluppo in base b del numero razionale n/m. Ad esempio il comando `PeriodicForm[RealDigits[1/10,2],2]` fornisce il risultato $0.000\overline{1100}_2$; ecco perché il numero razionale $1/10 = 0.1$ non può essare archiviato esattamente nella memoria di un computer che utilizzi internamente la base due.

ESERCIZI

4.1 Verificare che la relazione in $\mathbb{Z} \times \mathbb{Z}^*$

$$(n,m) \sim (n',m') \quad \Longleftrightarrow \quad nm' = n'm$$

è una relazione di equivalenza.

SUGGERIMENTO. Si tratta soltanto di verificare la proprietà transitiva, in quanto le proprietà riflessiva e simmetrica sono immediate. Si tratta dunque di dimostrare che

$$(n_1,m_1) \sim (n_2,m_2) \text{ e } (n_2,m_2) \sim (n_3,m_3) \text{ implicano } (n_1,m_1) \sim (n_3,m_3),$$

vale a dire

$$(n_1 m_2 = n_2 m_1) \wedge (n_2 m_3 = n_3 m_2) \implies (n_1 m_3 = n_3 m_1).$$

Se $n_2 = 0$, si deduca $n_1 = n_3 = 0$; altrimenti si moltiplichino tra loro le due uguaglianze che costituiscono l'ipotesi e dall'uguaglianza ottenuta si cancellino i fattori n_2 e m_2.

4.2 Si verifichi, per ogni x reale, l'identità $\lceil x \rceil = -\lfloor -x \rfloor$.

4.3 La rappresentazione in base due dei numeri razionali può essere definita in modo del tutto analogo a quello visto per la base dieci. Si dimostri che il numero n/m, con $0 < n < m$ e n e m primi tra loro, ammette una rappresentazione binaria limitata, cioè

$$\frac{n}{m} = \frac{c_1}{2} + \frac{c_2}{2^2} + \ldots + \frac{c_k}{2^k}, \quad 0 \le c_j < 2,$$

se e solo se m è una potenza di due.

4.4 Si dimostri, con un ragionamento analogo a quello visto nel corso della dimostrazione del teorema 4.1, che se

$$m = 2^h m', \quad \text{MCD}(m',2) = 1,$$

allora la rappresentazione binaria di n/m ha un antiperiodo di lunghezza h e un periodo pari all'*ordine* di 2 modulo m' (cfr. esercizio 2.18).

4.5 Si verifichi il seguente algoritmo, analogo all'algoritmo 4.1.

ALGORITMO 4.6 - Rappresentazione binaria di un numero razionale.

Dato $x = n/m$, con con $0 < n < m$, si calcolano la lunghezza h dell'antiperiodo della rappresentazione binaria di x, nonché le cifre costituenti l'antiperiodo e il periodo della rappresentazione stessa.

0. $n \to N, m \to M$
1. $0 \to J, 0 \to R0, N \to R1$
2. $\text{MCD}(N, M) \to D$
3. se $D > 1$, allora: N div $D \to N$, M div $D \to M$
4. $0 \to H$
5. $M \to R$
6. finché $R \bmod 2 = 0$, ripetere:
6.1 $\quad H + 1 \to H$
6.2 $\quad R$ div $2 \to R$
7. stampare H
8. finché $R1 \neq R0$, ripetere:
8.1 $\quad$ se $J = H$, allora: $R1 \to R0$
8.2 $\quad J + 1 \to J$
8.3 $\quad (2R1)$ div $M \to C$
8.5 $\quad (2R1) \bmod M \to R1$
8.5 $\quad$ stampare C
9. fine.

4.6 Si verifichi che, nelle formule ricorsive per il calcolo delle ridotte c_i dello sviluppo in frazione continua di un numero razionale (cfr. (11)), si può partire dal valore $i = 0$ a patto di porre $a_{-1} := 0$, $b_{-1} := 1$.

4.7 Siano n e m due numeri interi positivi, non primi tra loro; se lo sviluppo in frazione continua del numero $x = n/m$ ha lunghezza k, a che cos'è uguale a_k/b_k?

4.8 Sia (f_n) definita ricorsivamente dalle uguaglianze

$$f_1 := 1, \quad f_2 := 2, \quad f_{n+2} := f_n + f_{n+1}, \text{ per } n \geq 1.$$

Per tale successione si dimostri che $f_{n+5} > 10 f_n$.
(SUGGERIMENTO. Si dimostri che $f_{n+5} = 21 f_{n-1} + 13 f_{n-2} > 10 f_{n-1} + 10 f_{n-2} = 10 f_n$.)

Poiché i primi cinque termini della successione (f_n) sono 1, 2, 3, 5, 8, cioè hanno una cifra decimale, si deduca dalla disuguaglianza dimostrata che per

$5h < n \leq 5(h+1)$, con h naturale, f_n ha almeno $h+1$ cifre decimali, cioè $f_n \geq 10^h$.

4.9 Nell'algoritmo 4.1 abbiamo visto che i resti che si generano nel corso del calcolo della rappresentazione decimale del numero razionale n/m, con $0 < n < m$, sono definiti dalla formula ricorsiva $(10r) \bmod m \to r$, dopo aver posto inizialmente $r := n$. In generale, dati gli interi a, c, m, e x_0, con $a, m \in N^*$, $c \in \mathbb{N}$, $x_0 \in \mathbb{N} \cap [0, m-1]$, si consideri la successione (x_i) definita ponendo

$$x_{i+1} := (ax_i + c) \bmod m, \quad i \in \mathbb{N},$$

innescata a partire dal valore x_0. Si dice che (x_i) è una successione generata mediante un *metodo lineare alle congruenze*. Per scelte opportune dei quattro valori che individuano la successione in esame, essa fornisce il metodo più diffuso per la generazione di numeri pseudo-casuali (si riveda l'algoritmo 3.5). Si dimostri che la successione (x_i) è periodica di periodo $\leq m$. Per $c = 0$, a e x_0 primi rispetto a m si dimostri, ricalcando la dimostrazione del teorema 4.1, che (x_i) è periodica di periodo d, dove d è l'ordine di a modulo m (cfr. esercizio 2.18).

4.10 Si consideri (v. esercizio precedente) la successione definita dalla formula ricorsiva

$$x_{i+1} := (5x_i + c) \bmod 8, \quad i \in \mathbb{N};$$

per ogni valore di x_0 e di c, entrambi compresi tra 0 e 7, si determini il periodo della successione stessa.

Listati in TI-BASIC

Nei listati seguenti utilizzeremo talvolta simboli non direttamente disponibili sulle tastiere delle calcolatrici grafico-simboliche della TI; ecco come ottenerli:

$\neq$ (diverso da)   TI-92 e Voyage 200: Second+V ; TI-89: Diamond+=

&   TI-92 e Voyage 200: Second+H ; TI-89: Diamond+×

Il simbolo $\neq$ può essere sostituito dalla coppia /= .

Capitolo 1

ALGORITMO 1.5. Rappresentazione binaria di un numero naturale

```
:rbin(n)
:Func
:Local c,s,q
:n→q :""→s
:While q > 0
:mod(q,2)→c :intDiv(q,2)→q :string(c)&s→s
:EndWhile
:Return expr(s)
:EndFunc
```

Le cifre binarie vengono accumulate in un'unica stringa, s, che viene mostrata al termine dei calcoli; l'istruzione string(c)&s→s concatena l'ultima cifra calcolata con la stringa di quelle già calcolate.

Per la determinazione della rappresentazione di un numero naturale in base b, con $2 \le b \le 16$, si può utilizzare la funzione seguente:

```
:cb(n,b)
:Func
:Local c,s,x
:"0123456789ABCDEF"→c :n→x :" "→s
:While x > 0
:mid(c,mod(x,b)+1,1)&s→s :intDiv(x,b)→x
:EndWhile
:Return s
:EndFunc
```

La definizione ricorsiva del MCD data mediante la formula (11) può essere immediatamente tradotta in una funzione:

```
:mcdr(n,m)
:Func
:when(m=0,n,mcdr(m,mod(n,m)))
:EndFunc
```

ALGORITMO 1.12. Calcolo del MCD (forma estesa)

```
:mcd(n,m)
:Func
:Local xv,xn,sv,sn,tv,tn,q,r
:n→xv :m→xn :1→sv :0→sn :0→tv :1→tn
:While xn > 0
:intDiv(xv,xn)→q :mod(xv,xn)→r
:xn→xv :r→xn
:sv-q*sn→r :sn→sv :r→sn
:tv-q*tn→r :tn→tv :r→tn
:EndWhile
:Return {xv,sv,tv}
:EndFunc
```

Si può modificare la penultima istruzione nella seguente:

```
:Disp string(xv)&" = "&string(sv)&"*"string(n)&" + "
&string(tv)&"*"string(m)
```

ALGORITMO 1.16. MCD e mcm di due numeri positivi

```
:mr(n,m)
:Func
:Local x,y,u,v
:n→x :m→y :x→u :y→v
:While x ≠ y
:If x < y Then
:y-x→y:  u+v→v
:Else
:x-y→x :u+v→u
:EndIf
:EndWhile
:Return {x,(u+v)/2}
:EndFunc
```

Capitolo 2

Le tabelle per le operazioni di addizione e moltiplicazione modulo m possono essere generate facilmente. Per l'addizione possiamo usare la funzione

```
:sm(m)
:Function
:Local x,y
:seq(seq(mod(x+y,m),x,0,m-1),y,0,m-1)
:EndFunc
```

Ad esempio il comando sm(3) genera la matrice

$$\begin{bmatrix} 0 & 1 & 2 \\ 1 & 2 & 0 \\ 2 & 0 & 1 \end{bmatrix}$$

ALGORITMO 2.1. Inverso di n modulo m

```
:invmod(n,m)
:Func
:Local xv,xn,sv,sn,q,r,m
:n→xv :m→xn :1→sv :0→sn
:While xn > 0
:intDiv(xv,xn)→q :mod(xv,xn)→r
:xn→xv :r→xn
:sv-q*sn→r :sn→sv :r→sn
:EndWhile
:If xv = 1 Then
:Return mod(sv,m)
:Else
:Return "elemento non invertibile"
:EndIf
:EndFunc
```

Vogliamo calcolare la funzione φ di Eulero. Cominciamo con una funzione di due variabili intere, co(k,n), che vale 1 se k è primo rispetto a n, vale 0 in caso contrario:

```
:co(k,n)
:Func
:If gcd(k,n)=1 Then :1 :Else :0 :EndIf
:EndFunc
```

Abbiamo utilizzato la funzione gcd (Massimo Comune Divisore) già disponibile nel linguaggio TI-BASIC. Ora definiamo la funzione φ utilizzando la sua definizione, salvo attribuirle direttamente il valore $n - 1$ se n è primo:

```
:phi(n)
:Func
:If isPrime(n) Then :n-1 :Else :sum(seq(co(k,n),k,1,n-1))
:EndIf
:EndFunc
```

La funzione isPrime(n) restituisce *vero* se n è primo, *falso* in caso contrario. Utilizzando la funzione φ possiamo scrivere una seconda versione della funzione per il calcolo dell'inverso di n modulo m (v. teorema di Eulero 2.5):

```
:invmod2(n,m)
:Func
:If gcd(n,m) = 1 Then
:mod(n^(phi(m)-1),m)
:Else
:Return "elemento non invertibile"
:EndIf
:EndFunc
```

ALGORITMO 2.6. Calcolo di x^n modulo m.

```
:pwm(x,n,m)
:Func
:Local z
:1→z :mod(x,m)→x
:While n > 0
:If mod(n,2) > 0 Then
:n-1→n :z*x→z :mod(z,m)→z
:EndIf
:n/2→n :x*x→x :mod(x,m)→x
:EndWhile
:z
:EndFunc
```

Capitolo 3

ALGORITMO 3.2. Scomposizione in fattori primi (seconda versione).

```
:fac(n)
:Prgm
:Local d,h,nn :ClrIO
:n→nn :2→d :4→h :{}→primi
:While d² ≤ nn
```

```
:If mod(nn,d)>0 Then
:If d ≤ 3 Then
:2d-1→d
:Else
:6-h→h :d+h→d
:EndIf
:Else
:augment(primi,{d})→primi :intDiv(nn,d)→nn
:EndIf
:EndWhile
:If nn>1 Then
:augment(primi,{nn})→primi
:EndIf
:Disp primi
:EndPrgm
```

Il comando `fac(n)` restituisce la lista dei fattori primi di `n`, ciascuno ripetuto tante volte quant'è la sua molteplicità.

Può essere interessante confrontare i tempi di esecuzione della funzione `fac` rispetto alla funzione di sistema `factor` su numeri con ordine di grandezza non inferiore a 10^6. Si fattorizzino con la funzione `fac` i due numeri 123456789 e 987654321; una volta ottenute le fattorizzazioni, si può giustificare il fatto che la fattorizzazione del secondo numero (che è maggiore del primo) richiede un tempo di gran lunga inferiore?

Il programma seguente rappresenta un perfezionamento del precedente nel senso che utilizza come successione dei divisori di tentativo la successione $2, 3, 5, 7, 11, 13, 17, 19, 23, 29, 31, \ldots$, cioè quella costituita da 2 seguito dai numeri dispari che non sono multipli propri di 2, 3 e 5. Mettiamo in evidenza gli incrementi che fanno passare da ciascun divisore di tentativo al successivo:

$$1, 2, 2, 4, 2, 4, 2, 4, 6, 2, 6, \ldots$$

La terna iniziale $1, 2, 2$ serve per generare 3, 5 e 7 a partire da 2, dopodiché gli 8 incrementi che seguono si ripetono ciclicamente. Nel programma `fac2` la variabile `incr` viene inizializzata come la lista degli 11 incrementi appena mostrati. Da essa viene prelevato ogni volta il primo elemento, e quando la lista si è svuotata essa viene ripristinata come la lista degli otto incrementi $\{4, 2, 4, 2, 4, 6, 2, 6\}$.

```
:fac2(n)
:Prgm
:Local nn,d,incr,incr1 :ClrIO
:n→nn :2→d :{}→primi
:{1,2,2,4,2,4,2,4,6,2,6}→incr :right(incr,8)→incr1
```

```
:While d² ≤ nn
:If mod(nn,d)>0 Then
:d+incr[1]→d
:right(incr,dim(incr)-1)→incr
:If incr={} Then
:incr1→incr
:EndIf
:Else
:augment(primi,{d})→primi  :intDiv(nn,d)→nn
:EndIf
:EndWhile
:If nn>1 Then
:augment(primi,{nn})→primi
:EndIf
:Disp primi
:EndPrgm
```

Con il programma `fac2` possiamo fattorizzare numeri moderatamente grandi. Ad esempio possiamo sperimentare con i cosiddetti *numeri di Fermat*, definiti come

$$F(n) := 2^{2^n} + 1;$$

ad esempio $F(0) = 3$, $F(1) = 5$, $F(2) = 17$, $F(3) = 257$, $F(4) = 65537$. Si verifica facilmente che i primi cinque numeri di Fermat sono primi, ciò che indusse Fermat stesso a congetturare che tutti i numeri in questione fossero primi. Ma ciò è falso: con il programma `fac2` si trova infatti

$$F(5) = 4\,294\,967\,297 = 641 \cdot 6700417.$$

Nel capitolo precedente abbiamo calcolato la φ di Eulero utilizzando un metodo tipo "forza bruta". Disponendo della scomposizione in fattori primi del numero n, e più precisamente disponendo della lista dei fattori primi di n, possiamo utilizzare la formula (13) del capitolo 2:

$$\varphi(n) = n \prod_{p|n}(1 - 1/p).$$

Il programma seguente sfrutta la funzione `factor` del TI-BASIC, nel senso che legge l'output della stessa funzione e produce la lista dei fattori primi di n, ordinati per valori crescenti:

```
:lp(n)
:Prgm
:Local fa,lf,po,df,ed  :ClrIO
:{}→primi
```

```
:string(factor(n))→fa :dim(fa)→lf
:While lf>0
:inString(fa,"*")→po
:If po>0 Then
:left(fa,po-1)→df
:Else
:fa→df
:EndIf
:inString(df,"^")→ed
:If ed>0 Then
:expr(left(df,ed-1))→p
:Else
:expr(df)→p
:EndIf
:augment(primi,{p})→primi
:If po>0 Then
:right(fa,lf-po)→fa :dim(fa)→lf
:Else
:0→lf
:EndIf
:EndWhile
:dim(primi)→np
:EndPrgm
```

Il programma precedente genera la lista primi che contiene i fattori primi distinti di n; il numero di elementi di tale lista è np. Il programma seguente utilizza gli elementi della lista primi per calcolare $\varphi(n)$:

```
:phi2(n)
:Prgm
:Local i :ClrIO
:lp(n) :n→e
:For i,1,np
:e*(1-(1/primi[i]))→e
:EndFor
:Disp e
:EndPrgm
```

La funzione seguente, in base al teorema di Dirichlet 3.3, determina un numero primo nella progressione aritmetica $a + k \cdot b$, $k \in \mathbb{N}$, a partire da un assegnato valore di k. I numeri a e b sono primi tra loro (coprimi).

```
:dr(a,b,k)
:Func
:Local p
:a+k*b → p
:While isPrime(p) = false
:p+b → p
:EndWhile
:p
:EndFunc
```

Capitolo 4

ALGORITMO 4.1 - Rappresentazione decimale di un numero razionale.

Il programma seguente genera la rappresentazione decimale di una frazione n/m; nel risultato le cifre dell'antiperiodo vengono separate da quelle del periodo mediante una barra verticale. Ad esempio, il comando rd(9,14) produce l'output 0.6|428571 che significa:

$$9/14 = 0.6\overline{428571}.$$

```
:rd(n,m)
:Prgm
:Local g,c,h,k,r,j,rr,ad :ClrIO
:gcd(n,m)→g
:If g>1 Then
:n/g→n :m/g→m
:EndIf
:string(n)&"/"&string(m)&" = "&string(intDiv(n,m))&"."→ad
:m→r :0→h :0→k
:While mod(r,2)=0
:h+1→h :r/2→r
:EndWhile
:While mod(r,5)=0
:k+1→k :r/5→r
:EndWhile
:max(h,k)→k
:0→j :0→rr :mod(n,m)→r
:While r≠rr
:If j=k Then
:r→rr :ad&"|"→ad
:EndIf
```

```
:j+1→j :intDiv(10*r,m)→c :mod(10*r,m)→r
:ad&string(c)→ad
:EndWhile
:Disp ad
:EndPrgm
```

ALGORITMO 4.6 - Rappresentazione binaria di un numero razionale.

Il programma che segue, in tutto simile al precedente, determina la rappresentazione binaria di n/m; suggeriamo di utilizzarlo soltanto per frazioni proprie ($n < m$); in caso contrario la parte intera viene scritta in forma decimale.

```
:rb(n,m)
:Prgm
:Local g,c,h,r,j,rr,ab :ClrIO
:gcd(n,m)→g
:If g>1 Then
:n/g→n :m/g→m
:EndIf
:string(n)&"/"&string(m)&" = "&string(intDiv(n,m))&"."→ab
:m→r :0→h
:While mod(r,2)=0
:h+1→h :r/2→r
:EndWhile
:0→j :0→rr :mod(n,m)→r
:While r≠rr
:If j=h Then
:r→rr :ab&"|"→ab
:EndIf
:j+1→j
:intDiv(2*r,m)→c: mod(2*r,m)→r
:ab&string(c)→ab
:EndWhile
:Disp ab
:EndPrgm
```

ALGORITMO 4.2 - Riduzione di una frazione propria in somma di frazioni unitarie.

Il programma che segue traduce l'Algoritmo 4.2 con la seguente variante: esso non presuppone che la frazione in ingresso sia propria: viene mostrata in uscita la parte intera di n/m seguita dalla lista dei denominatori delle frazioni unitarie.

Ad esempio il comando `unit(9,7)` produce in uscita la lista $\{1\ 4\ 28\}$ che significa

$$\frac{9}{7} = 1 + \frac{1}{4} + \frac{1}{28}.$$

```
:unit(n,m)
:Prgm
:Local q,k :ClrIO
:intDiv(n,m)→q
:{q}→lista
:mod(n,m)→n
:While n>0
:ceiling(m/n)→k
:augment(lista,{k})→lista
:k*n-m→n :k*m→m
:EndWhile
:Disp lista
:EndPrgm
```

ALGORITMO 4.3 - Calcolo delle ridotte dello sviluppo di un numero razionale positivo in frazione continua limitata.

```
:ridotte(n,m)
:Prgm
:Local xv,xn,av,an,bv,bn,q,r :ClrIO
:n→xv :m→xn
:1→av :0→bv :1→bn
:intDiv(xv,xn)→an
:mod(xv,xn)→r
:xn→xv :r→xn
:Disp " "
:Disp "quozienti, ridotte:"
:Disp string(an)&" "&string(an)
:While xn>0
:intDiv(xv,xn)→q
:mod(xv,xn)→r
:xn→xv :  r→xn
:q*an+av→r
:an→av :r→an
:q*bn+bv→r
:bn→bv :r→bn
:Disp string(q)&" "&string(an/bn)
:EndWhile
:EndPrgm
```

Appendice 2

Sintesi dei principali comandi relativi alla teoria dei numeri in Derive, Maple e Mathematica

Descrizione	Denominazione	Sistema
Quoziente della	FLOOR(n,m)	*Derive*
divisione intera	iquo(n,m)	Maple
	Quotient[n,m]	*Mathematica*
Resto della divisione	MOD(n,m)	*Derive*
intera	irem(n,m)	Maple
	Mod[n,m]	*Mathematica*
MCD	GCD(n,m)	*Derive*
	igcd(n,m)	Maple
	GCD[n,m]	*Mathematica*
MCD esteso	EXTENDED_GCD(n,m)	*Derive*
	igcdex(n,m,'s','t')	Maple
	ExtendedGCD[n,m]	*Mathematica*
Inverso di n modulo m	INVERSE_MOD(n,m)	*Derive*
	modp(1/n,m)	Maple
	PowerMod[n,-1,m]	*Mathematica*
Potenza x^n modulo m	POWER_MOD(x,n,m)	*Derive*
	Power(a, n) mod p	Maple
	PowerMod[x,n,m]	*Mathematica*
Funzione $\varphi(n)$	EULER_PHI(n)	*Derive*
	phi(n)	Maple
	EulerPhi[n]	*Mathematica*
Funzione $\pi(n)$	PRIMEPI(n)	*Derive*
	pi(n)	Maple
	PrimePi[n]	*Mathematica*
Fattorizzazione	FACTOR(n)	*Derive*
	ifactor(n)	Maple
	FactorInteger[n]	*Mathematica*
Primalità	PRIME?(n)	*Derive*
	isprime(n)	Maple
	PrimeQ[n]	*Mathematica*
n-esimo primo	NTH_PRIME(n)	*Derive*
	ithprime(n)	Maple
	Prime[n]	*Mathematica*

Nel sistema Maple occorre digitare il comando > with(numtheory): prima di utilizzare le funzioni relative alla teoria dei numeri.

Bibliografia

RIFERIMENTI DI CARATTERE GENERALE

[1] Aho A.V., Hopcroft J.E., Ulmann J.D.: *The Design and Analysis of Computer Algorithms*, Addison Wesley (1974);

[2] Aho A.V., Hopcroft J.E., Ulmann J.D.: *Data Structures and Algorithms*, Addison Wesley (1983);

[3] Bressoud D., Wagon, S.: *A Course in Computational Number Theory*, Key College Publishing (in coll. con Springer New York) (2000);

[4] Centomo A.: *Introduzione a Pari/GP*, reperibile nel sito: http://liceocorradini.vi.it/progetto-lauree-scientifiche/parigp.pdf/view [Pari/GP è un ambiente di programmazione di libero accesso, particolarmente adatto per gli algoritmi della teoria dei numeri];

[5] Childs L.: *A Concrete Introduction to Higher Algebra*, 2nd ed., Springer (2000) [una versione italiana della prima edizione: *Algebra. Un'introduzione concreta*, è stata pubblicata da ETS (Pisa) nel 1989];

[6] Davenport H.: *Aritmetica superiore*, Zanichelli (1994);

[7] Dickson L.: *History of the Theory of Numbers*, 3 Voll., Chelsea Publ. Co. (1971) [ristampa dell'edizione originale pubblicata negli anni 1919, 1920, 1923];

[8] Hardy G.H., Wright E.M.: *An Introduction to the Theory of Numbers*, Clarendon Press (1979);

[9] Knuth D.E.: *The Art of Computer Programming*, Vol. 1: *Fundamental Algorithms*, Addison Wesley (1973);

[10] Knuth D.E.: *The Art of Computer Programming*, Vol. 2: *Seminumerical Algorithms*, Addison Wesley (1980);

[11] Lipson J.D.: *Elements of Algebra and Algebraic Computing*, Addison Wesley (1981);

[12] Ribenboim P.: *My numbers, my friends*, Springer (2000);

[13] Rosen K.H.: *Elementary Number Theory and Its Applications*, Addison Wesley (1993);

[14] Scheid H.: *Elemente der Arithmetik und Algebra*, Spektrum Akademischer Verlag (2002);

[15] Schroeder M.: *La teoria dei numeri*, Muzzio (1986) [la quarta edizione del testo originale: *Number Theory in Science and Communication*, ISBN 3-540-26596-1, è stata stampata da Springer nel 2006];

[16] Scimemi B.: *Algebretta*, Decibel Editrice (1978);

[17] Vorobiev N.N.: *Fibonacci Numbers*, Birkhäuser (2002) [una traduzione italiana dal titolo: *I numeri di Fibonacci* è stata pubblicata dall'editore Martello nel 1965; essa non è più disponibile];

[18] Weil A.: *Teoria dei numeri. Storia e matematica da Hammurabi a Legendre*, Einaudi (1993);

[19] Wells D.: *Numeri memorabili*, Zanichelli (1991);

[20] Young R.M.: *Excursions in Calculus*, The Mathematical Association of America (1992).

ULTERIORI LETTURE PER I SINGOLI CAPITOLI

CAPITOLO 1

[21] Barozzi G.C.: *L'algoritmo euclideo per il calcolo del massimo comune divisore: quattro variazioni facili su tema classico*, Archimede, **18** (1986), 79-90;

[22] Luccio F.: *Spunti di algoritmica concreta*, Bollettino UMI, **3-A** (1984), 57-80;

[23] Dijkstra E.W.: *On a cultural Gap*, The Mathematical Intelligencer, **8** (1986), 48-52.

Per i riferimenti all'opera di Euclide si possono consultare i volumi:

[24] Frajese A., Maccioni U.: *Gli Elementi di Euclide*, UTET (1970);

[25] Heath T.L.: *The Thirteen Books of Euclid's Elements*, Dover (1956).

Segnaliamo il sito:

http://aleph0.clarku.edu/ djoyce/home.html

dove è reperibile il testo (in inglese) degli *Elementi*, con possibilità di animazione delle figure.

CAPITOLO 2

Il testo delle *Disquisitiones* di Gauss è reperibile in rete all'indirizzo

http://dz-srv1.sub.uni-goettingen.de/cache/toc/D137206.html

[26] Barnabei M., Bonetti F.: *Elementi di aritmetica modulare*, Esculapio (Bologna), 2006.

Un esame approfondito dei metodi per il calcolo dei reciproci degli elementi di un campo finito è contenuto in

[27] Collins G.E.: *Computing multiplicative inverses in* GF(p), Math. of Computation, **23** (1969), 197-200.

Per le opere di Pascal si può consultare:

[28] Chevalier J.: *Pascal - Œuvres complètes*, Gallimard (1954).

CAPITOLO 3

[29] Aigner M., Ziegler G.M.: *Proofs from THE BOOK*, 2nd ed., Springer (2000) [una versione italiana a cura di A. Quarteroni è stata pubblicata da Springer Italia nel 2006];

[30] Barozzi G.C.: *Una congettura sui numeri primi*, Archimede **1** (1991); *Addendum alla nota "Una congettura sui numeri primi"*, ibidem **4** (1991);

[31] Bressoud D.M.: *Factorization and Primality Testing*, Springer (1989);

[32] Crandall R., Pomerance C.B.: *Prime Numbers*, Springer (2005);

[33] Dixon J.: *Factorization and primality testing*, American Mathematical Monthly, **91** (1984), 333-352;

[34] Du Sautoy M.: *L'enigma dei numeri primi*, Rizzoli (2004) [in appendice al volume un elenco di siti Internet dedicati alla teoria dei numeri];

[35] Gardner M.: *Un nuovo tipo di cifrario che richiederebbe milioni di anni per essere decifrato*, Le Scienze, **112** (1978), 126-132;

[36] Helmann M.E.: *La crittografia a chiave pubblica*, Le Scienze, **126** (1979), 110-123;

[37] Koblitz N.: *A Course in Number Theory and Cryptography*, Springer (1994):

[38] Languasco A., Zaccagnini A.: *Introduzione alla crittografia*, Manuali Hoepli (2004);

[39] Leonesi S., Toffalori C.: *Numeri e crittografia*, Springer Italia (2006);

[40] Pomerance C.: *Alla ricerca dei numeri primi*, Le Scienze, **174** (1983), 86-94;

[41] Pomerance C.: *Recent developments in primality testing*, The Mathematical Intelligencer, **3** (1980), 97-105;

[42] Renzoni N.: *Test probabilistici di primalità*, Archimede **3** (2002), 146-149;

[43] Ribenboim P.: *The Little Book of Bigger Primes*, Springer (2004):

[nn] Ribenboim P.: *The New Book of Prime Number Records*, Springer (1996):

[44] Riesel H.: *Prime Numbers and Computer Methods*, Birkäuser (1985);

[45] Rivest R., Shamir A., Adleman L.; *A method for obtaining digital signatures and public-key cryptosystems*, Communications ACM, **21** (1978), 120-128;

[46] Simmons G.J.: *The mathematics of secure communication*, The Mathematical Intelligencer, **1** (1978), 233-246;

[47] Wagon S.: *Primality testing*, The Mathematical Intelligencer, **8**, 3 (1986), 58-61.

CAPITOLO 4

[48] Falcolini C.: *Numeri in un foglio di carta*, Archimede **2** (2006), 88-93;

[49] Gardner M.: *Le curiose frazioni dell'antico Egitto danno luogo a rompicapo e a problemi di teoria dei numeri*, Le Scienze, **126** (1979), 100-101;

[50] Niven I.: *Numeri razionali e numeri irrazionali*, Zanichelli (1966) [volume non più in catalogo];

[51] Olds C.D.: *Frazioni continue*, Zanichelli (1976) [volume non più in catalogo];

[52] Pirillo G.: *Sulla frazione continua di* $\sqrt{2}$, Archimede, 4/2005, 197-198; *Sulla frazione continua di* $\sqrt{3}$, ibidem 1/2006, 23-25; *Sulla frazione continua di* $(\sqrt{5} + 1)/2$, Bollettino dei Docenti di Matematica (Canton Ticino), **52** (2006), 91-93;

[53] Scimemi B.: *Le frazioni continue rivisitate*, Atti del Quindicesimo Convegno sull'insegnamento della matematica, Notiziario UMI, Suppl. 5, maggio 1993.

Il quarto capitolo del volume di Davenport [6] è dedicato alle frazioni continue. Esistono in rete vari siti dedicati alle frazioni continue; suggeriamo di ricercare con Google la voce *frazioni continue*, oppure *continued fractions*.

Indice analitico

Printed in the United States
By Bookmasters